DISSERTATIONES BOTANICAE

BAND 52

Pollenanalytische und stratigraphische Untersuchungen im Sewensee

Ein Beitrag zur spät- und postglazialen Vegetationsgeschichte der Südvogesen

von

SIEGFRIED SCHLOSS

1979 · J. CRAMER

In der A.R. Gantner Verlag Kommanditgesellschaft

FL-9490 VADUZ

© 1979 A.R. Gantner Verlag K.G., FL-9490 Vaduz
Printed in Germany
by Strauss & Cramer GmbH, 6945 Hirschberg 2
ISBN 3-7682-1240-8

Inhaltsverzeichnis

1. Einleitung

Die pollenanalytische Erforschung der spät- und postglazialen Vegetationsgeschichte der Vogesen ist im Gegensatz zu anderen Mittelgebirgen und geographischen Räumen wie Schwarzwald, Jura, der Alpenraum oder das Französische Zentralmassiv längst nicht so intensiv verfolgt worden. Wohl sind die Grundzüge der nacheiszeitlichen Vegetationsentwicklung bekannt, allein die Fortschritte der Pollenanalyse insbesondere bei der Bestimmung der Nichtbaumpollen geben einerseits schon genügend Anlaß zu erneuter Vertiefung, andererseits fordert auch die geringe Zahl der Profile eine Erweiterung der Fundstellen. Auch die wenigen spätglazialen Fundstellen wecken das paläobotanische Interesse, besonders wenn man sich den Reichtum an Seen und Vermoorungen vor Augen hält, mit dem die Vogesen aufwarten können. Dies veranlaßte schon FIRBAS (1949) in seiner Waldgeschichte Mitteleuropas zu der Forderung einer "monographischen Bearbeitung dieser in vielen Beziehungen einzigartigen Fundstellen".

Erste vegetationsgeschichtliche Arbeiten aus den Vogesen stammen von DUBOIS (1930, 1938) und HATT (1937). Sie ermöglichten eine frühe, vereinfachte Darstellung der postglazialen Waldverhältnisse, insbesondere für die Nordvogesen. Wenig später wurde von OBERDORFER (1938) aus einem tiefgelegenen ehemaligen See bei Urbès im Thurtal in den Südvogesen eine pollenanalytische Arbeit veröffentlicht, die das bis dahin unbekannte Spätglazial der Vogesen aufzeigte. Für das Postglazial waren frühe Nachweise wärmeliebender Wasser- und Sumpfpflanzen interessant. Die Diskussion und die Überlegungen zur Entstehung der Waldstufen in den Vogesen sowie zur nacheiszeitlichen Einwanderung einzelner Baumarten ergänzen die durch Großreste und Pollenanalyse gewonnenen Erkenntnisse. Trotz dieser beeindruckenden Ergebnisse und der Fülle von Anregungen zu vertieftem Studium währte es ein Jahrzehnt, ehe durch FIRBAS et al. (1948) eine weitere umfangreiche vegetationsgeschichtliche Untersuchung vorlag. Durch die Lage der untersuchten Moore in verschiedenen Höhenstufender Süd- und Mittelvogesen war zumindest für das Postglazial eine umfassende Darstellung der Waldentwicklung möglich.

Einen erneuten Aufschwung erlebte die vegetationsgeschichtliche Erforschung der Vogesen erst wieder mit den Arbeiten von
LEMEE (1963) und DRESCH et al. (1966). Durch den zwischenzeitlich erfolgten Fortschritt besonders in der Nichtbaumpollenana-
lyse werden nun differenzierte Aussagen ermöglicht. Umfangrei-
chere Untersuchungen erfolgten letztlich erst Mitte der siebzi-
ger Jahre. Die Berücksichtigung von bodenkundlichen, klimatischen und vegetationskundlichen Untersuchungen sowie Beobachtungen über den rezenten Pollenniederschlag bei der Interpretation von jüngeren postglazialen Profilen durch JANSSEN (1974)
ermöglicht das Verständnis von differenten waldgeschichtlichen
Entwicklungen innerhalb der Vogesen. Der sinnvolle Zusammenschluß von paläoökologischen und palynologischen Ergebnissen
erweist sich besonders bei exponierten Lokalitäten wie den
Kammlagen oder den Karen als zweckmäßig.

Neuere Erkenntnisse über das Spätglazial ermöglichten die
Arbeiten von TEUNISSEN (1973) und WOILLARD (1975). Besonders
die Ergebnisse von WOILLARD erbrachten einen wichtigen Beitrag
für die Kenntnis des Vegetationsbildes ab dem Mittel-Pleisto-
zän. Das Spätglazial außerhalb der Würmvereisungsgrenze (Profil
Grand Prés 460 m) zeichnet sich durch deutlichen Anstieg wärmeliebender Laubgehölze im Bölling und Alleröd in niederen Lagen aus. In höher gelegenen Profilen (Profil Frère Joseph 850 m)
wird das Alleröd durch einen Kiefer-Birkenwald gebildet, in dem
nur in geringen Mengen Hasel, Eichenmischwald und Buche zu finden sind. Das Postglazial wird von WOILLARD durch den Nachweis
der von ZOLLER (1960) aus dem Tessin beschriebenen Piottino-
Schwankung eingeleitet und durch die Mehrgipfligkeit von Baum-
kurven insbesondere der Hasel stärker untergliedert. Die aufge-
zeigte Vegetationsentwicklung nach dem Eisrückzug und im Postglazial, die Lage der ausgewählten Profile im Bereich der Würm-
vereisung und außerhalb sowie im luvseitigen Westabhang der
Vogesen verdeutlichen die vielfältigen und inhaltsreichen Probleme bei der vegetationsgeschichtlichen Erforschung der Vogesen.

Monographische Untersuchungen an Seen und Mooren der Vogesen
liegen bisher nicht vor. Durch die gezielte Erarbeitung von Pollendiagrammen in Verbindung mit stratigraphischen Quer- und

Längsprofilen und einer Auswertung von Großresten kann eine
Vielzahl lokaler Zufälligkeiten einer Entnahmestelle gemindert
werden, die dem Ergebnis und Inhalt einer nur durch eine oder
wenige Bohrstellen erarbeiteten vegetationsgeschichtlichen Untersuchung anlasten.

Als Objekt für eine monographisch-entwicklungsgeschichtli-
che Untersuchung wurde der Sewensee (501 m) in den Südvogesen
ausgewählt. FIRBAS und Mitarbeiter entnahmen 1948 der Verlandungszone dieses Sees ein Profil von 6,50 m Tiefe, das bis ins
Spätglazial zurückreicht. Auf den Ergebnissen von FIRBAS et al.
(1948) fußend war daher geplant, an diesem tiefgelegenen See
unter folgenden speziellen Zielsetzungen zu arbeiten:

1. Nachweis der spät- und postglazialen Vegetationsgeschichte sowie Erörterung der glazialmorphologischen
   Situation des Untersuchungsgebietes auf Grund der
   pollenanalytischen Ergebnisse.
2. Ermittlung der ehemaligen Ausdehnung des Sewensees,
   der Verlandungsabfolge und deren zeitlicher Festlegung im spät- und postglazialen Seebereich. Erfassung eventueller Seespiegelschwankungen.
3. Rekonstruktion möglicher Veränderungen des Seetyps
   während seiner Entwicklungsgeschichte an Hand der
   nachgewiesenen fossilen Pflanzenreste sowie des
   rezenten Vegetationsbildes.

Dem gesteckten Ziel, durch mehrere Profile, deren Auswertung und Diskussion zu einem ausgeglichenen Bild und einer um-
fassenden Kenntnis der nacheiszeitlichen Vegetationsentwicklung am Sewensee zu gelangen, mußte jedoch immer der Gedanke
vorausgehen, daß nach Abschluß der Untersuchungen noch eine
Vielzahl von vegetationsgeschichtlichen Problemen und unge-
lösten Fragen anstehen wird oder erst aufgeworfen werden. Insbesondere die vorläufig, aus verschiedenen Gründen fehlenden
^{14}C-Daten und deren Verknüpfung mit den pollenanalytischen
Ergebnissen müssen vorab als Einschränkung angeführt werden.

2. Übersicht über das Untersuchungsgebiet

2.1 Geographische Lage und geologische Situation

Das Untersuchungsgebiet liegt im Zentrum der Südvogesen und gehört dem Departement Haut-Rhin (Alsace) an (Abb.1). Es wird orographisch durch das Massiv des Ballon d'Alsace (1247 m) bestimmt. Die mittleren Höhen der Hauptkämme liegen bei 1100 m, die Talbodenhöhe des nach Osten gerichteten Dollertales bei 500 m. Das Dollertal selbst teilt sich in seinem oberen Bereich in das nach SW ziehende Wagensthal, dem der für das Haupttal namensgebende Dollerbach entspringt und in das vom abschließenden Ballon d'Alsace herunterziehende Alfeld mit der Stauanlage des Lac d'Alfeld bei 620 m sowie das Seebachtal, in dem der Sewensee liegt. In älteren Arbeiten werden die Täler als Masmünster Tal und Sewener Tal bezeichnet. Der Sewensee erhält seinen Zufluß von den zahlreichen Rinnsalen und kleineren Bächen, die von den umgebenden Berghängen ins Tal ziehen sowie vom Abfluß des oberhalb liegenden Stausees. Sie vereinigen sich zum Seebach, der den heutigen See durchfließt und innerhalb des Dorfes in die Doller einmündet. Der imposante Rundbuckel des Ballon d'Alsace bildet mit seinem Massiv eine Sekundärwasserscheide in den Südvogesen, die zum Rhein, zur Mosel und zur Doubs ableitet. Das Dollertal ist das südlichste der Vogesentäler, das nach Osten über die Ill bei Illzach zum Rhein entwässert.
Eine Verbindungsstraße führt von Sewen zum Ballon d'Alsace und mündet dort in die große Paßstraße von Giromagny nach St. Maurice sur Moselle ein.
Die heutige Seefläche beträgt ca. 6 ha, die restliche Talfläche, vom Dorf Sewen bis unterhalb des Alfeld ca. 50 ha. Gestört wird das Landschaftsbild durch eine Müllabladestelle, die sich vom Dorf aus gegen den See schiebt. Um den Sewensee führen Wanderwege zum Lac d'Alfeld und zum Gipfel. Der See selbst ist zum Baden und Bootfahren gesperrt, der zugelassene Angelbetrieb jedoch stört die Vegetation im Verlandungsbereich bereits empfindlich durch Tritt und Abholzen.
Die Flächen unterhalb des Sees und beiderseits der Längsufer befinden sich überwiegend in Gemeindebesitz, während oberhalb bis zum Alfeld private Eigentumsverhältnisse vorliegen.

8

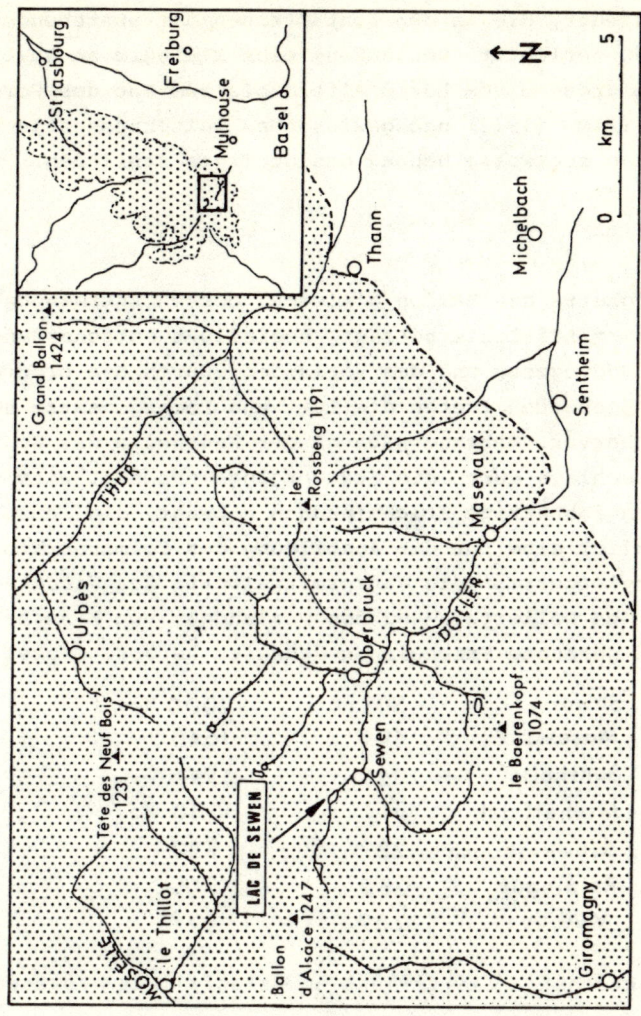

Abb. 1: Lage des Untersuchungsgebietes
Punktiert: Vogesen.

Das Untersuchungsgebiet liegt im Bereich des Granitstockes
des Ballon d'Alsace, der in seiner Ostausdehnung bis nach
Oberbruck zieht. Er wird unterbrochen durch Grauwacken, vulka-
nische Brekzien und Trachyten des Unterkarbons. Dieser Komplex
erstreckt sich Entlang den Talflanken des Seebachtales, wo er
im Westen am Lac d'Alfeld mit dem Granit des Ballon d'Alsace
zusammentrifft. Die Ortschaft Sewen steht auf einem Felsriegel
aus Syenit, der auf Höhe der Seeausfluß an die karbonischen
Ablagerungen anschließt. Das Seebachtal wird von zwei Verwer-

fungen gekreuzt, die an den Kontaktzonen der anstehenden Ge-
stein SW'NO gerichtet verlaufen, eine kleinere am Ausfluß des
Sees, eine größere vom Lac d'Alfeld bis zum Lac des Perches.
Die von SITTING (1933) nachgewiesenen 6 Talterrassenfluren lassen auf eine ruckweise Hebung des Gebirges schließen.

2.2 Das Klima

   Die Bergkette des Ballon d'Alsace, dessen Entfernung vom
Sewensee 4 km Luftlinie beträgt, beeinflußt entscheidend das
Klima der Südvogesen und des Vorlandes. Durch die orographi-
schen Gegebenheiten treten die Luv- und Leegegensätze besonders
eindeutig hervor. Während sich an der Westseite des Gebirges
die Niederschläge durch die Stauvorgänge erhöhen, wird die Ostseite durch föhnartige Erscheinungen geprägt, die letztlich
verantwortlich sind für die Ausbildung der Colmarer Trocken-
insel. Vergleicht man die Jahresmittelwerte des Niederschlages
innerhalb des Dollertals und des Vorlandes, von W nach E, so
tritt oben genannte Erscheinung deutlich hervor. (Tabelle 1)

Sewen	505 m	2000 mm/J
Masevaux	401	1640
Sentheim	355	1590
Michelbach	341	1280
Schweighouse	287	980
Reiningue	269	700
Mulhouse	239	659

Tab. 1: Niederschlagsverteilung am Ostabfall der Vogesen(vgl. Abb.1

Erhöhte Temperaturen und Sommermaxima der Niederschläge prägen
den mehr kontinentalen Klimatyp zur Oberrheinischen Tiefebene
hin.
   Anders liegen die Verhältnisse bei der kleinen Klimastation
unterhalb der Staumauer des Lac d'Alfeld (620 m; vgl. Abb.2).
Das Jahresniederschlagsmittel liegt hier bei 2319,3 mm. Es ist
einer der höchsten Werte für Mittelgebirge, für Frankreich das
niederschlagsreichste Gebiet. Das Maximum liegt im November
bis Februar mit Mittelwerten von 247,9 mm. Es ist gegenüber
der Jahresamplitude nicht unbedeutend, obwohl die sommerlichen
monatlichen Durchschnittswerte mit ca. 150 mm immer noch sehr

reichlich sind. Wie exponiert die Lage des Untersuchungsgebietes ist, zeigt der Jahresniederschlag von 1919 mit 3251 mm,
wobei im Dezember des gleichen Jahres allein 858 mm fielen.
Im Jahresgang der Temperatur weist der Januar als kältester
Monat eine mittlere Temperatur von $-0,4^{\circ}$ C auf, die mittlere
Temperatur des Juli als wärmster Monat beträgt $15,9^{\circ}$ C. Damit
ergibt sich eine Jahresamplitude von $16,3^{\circ}$ C, d.h. ca. 2° C
weniger als die Werte in der Oberrheinischen Tiefebene. Die
Jahresdurchschnittstemperatur beträgt $7,6^{\circ}$ C. Von überaus wichtiger Bedeutung sind auch die Windverhältnisse, die sowohl die
Vegetationsverhältnisse der Hochfläche mitprägen als auch starken Einfluß auf Niederschlagsverteilung und Schneeverhältnisse
ausüben. Weitaus am häufigsten mit ca. 70 % der vorherrschen-
den Windrichtung sind Westwinde, danach folgen zu gleichen
Teilen Südwest- und Nordwestwinde. Es sind die Windrichtungen,
die die luvseitigen niederschlagsreichen Wolkenmassen über die
Kammregionen nach Osten treiben oder niedergegangenen Schnee
aus dem Luv und von den Hochflächen in die Täler und Nischen
im Windschatten verwehen, wodurch Wächten und meterhohe
Schneeablagerungen entstehen. Solche angewehten Massen können
in extrem geschützter Lage derzeit auch den Sommer überdauern.
Schneefall im oberen Dollertal ist ab Oktober möglich und kann
bis Mai andauern, in Lagen über 1000 m von September bis Anfang
Juli. Am Lac d'Alfeld war die kürzeste schneefreie Zeit bei
168 Tagen, am längsten schneefrei gelten 224 Tage. Der nord-
östliche aufragende Grand Ballon (1424 m) war sogar während
einer dreijährigen Beobachtungsperiode keinen Monat schneefrei. Die Temperaturabnahme mit der Höhe ist jahreszeitlich
verschieden. Im Sommer ist sie mit $140 m/1^{\circ}$ C größer als im
Winter mit 250 $m/1^{\circ}$ C. Im Jahresdurchschnitt liegt sie bei
$0,6^{\circ}$ C pro 100 m. Für den Schwarzwald beträgt die Abnahme
$0,5^{\circ}$ C/100m/Jahr; die Jahresdurchschnittstemperatur ist dort
infolgedessen auf 1400 m Meereshöhe um $1,5^{\circ}$ C höher, eine Erscheinung, die in der stärkeren Auskühlung der inselartigen
Vogesen gegenüber der ausgedehnten Bodenerhebung des Schwarzwaldes und deren sommerlicher Erwärmung ihre Erklärung findet.
Starken Einfluß übt die große Zahl von Nebeltagen in den Vogesen auf das thermische Klima aus. Die Nebelhäufigkeit ist ein
wichtiger ökologischer Faktor besonders in den Hochlagen und
Kammregionen. Der hygrische Jahresgang im Untersuchungsgebiet

mit seinem Herbst- und Wintermaximum entspricht dem ozeanischen Klimatyp. CARBIENER (1974) bezeichnet es als eu-ozeanisch. Solche atlantische Niederschlagsverhältnisse gibt DRESCH et al. (1966) auch für den 5 km westlich benachbarten Ballon de Servance (1216 m) an. Unrichtig ist allerdings die Annahme eines sommerlichen Niederschlagsmaximums und eines kontinentalen Klimacharakters am Ballon d'Alsace. Da dort der Jahresgang der Niederschläge von der aufragenden Gebirgsmasse entscheidend beeinflußt wird, wäre es ebenso zutreffend, von einem montan-ozeanischen Klimatyp zu sprechen. Das thermische Klima mit einer Jahresschwankung über 16° C und den mäßig kalten Wintern weicht vom ozeanischen Gepräge ab und muß nach TROLL und PFAFFEN (im BLÜTHGEN 1966) als subozeanisch eingestuft werden.

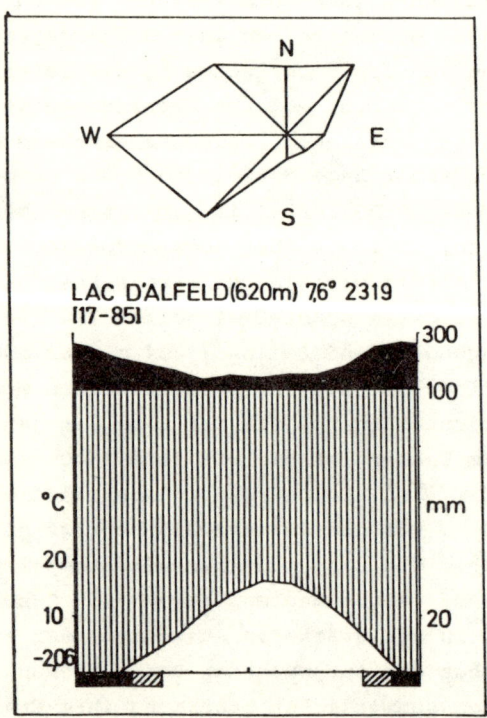

Abb. 2: Prozentuale Häufigkeit der Windrichtungen im
Jahresdurchschnitt (oben) und Klimadiagramm (unten)
von Lac d'Alfeld (620 m) oberhalb des Sewensees.

2.3 Vegetationsverhältnisse

Die heutige natürliche Vegetation der Südvogesen läßt sich nach ISSLER (1942) und ZOLLER (1956) in folgende Höhenstufen gliedern:

1. Der colline Bereich der Traubeneichenwälder auf Silikaten: überwiegend in der Vorbergzone, in den unteren Berglagen als Laubmischwald im weitesten Sinne zu sehen, Waldstufe bis 500 m.

2. Der montane Bereich als Hauptverbreitungsstufe der Buchen-Tannenwälder: In wechselndem Mengenverhältnis der Holzarten je nach Exposition und Bodenbeschaffenheit, in unteren Lagen noch stark mit Laubholz durchmischt, bis 900 - 1000 m.

3. Der subalpine Bereich bis zu den Gipfelregionen der Vogesen: Buchenwald bis ca. 1350 m, dort als Kampfformation ausgebildet und von *Sorbus - Acer pseudoplatanus* Vorkommen gegen die offenen Kammlagen abgegrenzt.

Über die Existenz einer klimatischen Waldgrenze in den Vogesen wird in den meisten vegetationskundlichen Arbeiten diskutiert. Während ältere Autoren durchweg die Gehölzfreiheit der Hochlagen als Folge der Rodungstätigkeit erklären (KREBS 1931 in FREY 1964, ISSLER 1932 u. 1942, ZOLLER 1956), wird in jüngerer Zeit auf Grund klimatisch-geomorphologischer und bodenkundlicher Untersuchungen von CARBIENER (1974) die Existenz einer klimatischen Waldgrenze angenommen. Sie kann zwischen 1250 und 1370 m schwanken, abhängig von Exposition, Kammlage zur Hauptwindrichtung und Morphologie. Pollenanalytisch wird dies durch andauernd hohe Nichtbaumpollenwerte in waldgrenznahen Mooren und ihren Zeigerwert gestützt (JANSSEN et al. 1974). Ebenso wie die Verbreitung zahlreicher subalpiner und alpiner Florenelemente, die nicht an Moore und Felswände gebunden sind, deuten heliophile Arten auf das natürliche Vorkommen kahler Kammflächen hin. Ein Überdauern dieser Arten wäre nach Ansicht von CARBIENER (1974) auch bei aufgelichtetem Krüppelwuchs der Buchen - wie die älteren Autoren den Naturzustand der Hochflächen ohne Beweidung sehen - nicht möglich gewesen. Als Ursache wird auf ungenügende Sommertemperaturen hingewiesen.

Schon GERLAND (1898 in ISSLER 1932) hatte die Waldgrenze als
Folge der geringen Wärmemenge zu erklären versucht, während er
mechanische Einflüsse wie Windwirkung und Viehverbiß als unbe-
deutende Einwirkungen ansah. Die Unterbewertung der Frosttrock-
nis scheint jedoch nicht voll gerechtfertigt, wenn man als maß-
geblich weniger die mit steigender Höhe ungünstiger werdenden
Klimabedingungen als vielmehr die Abnahme der Transpirations-
widerstände der Blätter annimmt (TRANQUILLINI 1974). Der Sewensee und die Tallagen liegen im Übergangsbereich zwischen der
collinen und montanen Waldstufe, das bestimmende Vegetationsbild
sind Buchen - Tannenwälder, die sich gegen den Ostabfall des
Ballon d'Alsace schieben. Nur noch als Ausläufer der collinen
Waldstufe sind unterhalb des Sees, den Talflanken folgend,
Eichen-Hainbuchen Bestände vorhanden. In diesen Traubeneichen-
Hainbuchenwäldern kommen eingestreut *Mercurialis perennis, Poly-
gonatum multiflorum, Lamium galeobdolon, Asarum europaeum,
Teucrium scoro donia* vor, eine Mischung termophiler und an-
spruchsvoller Arten mit subatlantischer, submediterraner oder
europäisch kontinentaler Verbreitung. Den Übergang zum Buchen -
Tannenwalddeutet das verstärkte Auftreten von *Tilia platyphyllos,
Acer pseudoplatanus, Fraxinus excelsior* und *Ulmus glabra* an.
Polygonatum verticillatum taucht auf, *Digitalis lutea* und *Digitalis purpurea* sowie *Phyteuma nigrum.*Eingestreut sind einzelne
Edelkastanien, an kleineren Kahlflächen oder frischen Hangschutt-
halden *Epilobium montanum, Aruncus dioicus* an feucht-schattigen
Stellen. Bemerkenswert wegen ihrer Wuchsleistung und Ausbildung
sind Haselnußbestände, die beiderseits des Seebachtales verbreitet sind. Weitere Besonderheiten sind Vorkommen von *Adoxa moschatellina, Daphne mezereum* und an stark besonnten Hangpartien
Helleborus foetidus auf Grauwacke. Hier scheint Exposition und
Wärme die fehlende Bodenqualität zu ersetzen. Auf diese Eichen-
Hainbuchen-Ausläufer folgt dann der Buchen - Tannenwald der montanen Höhenbereiche, der sich zum Alfeld hochzieht, von 10 - 15
jährigen Fichtenschonungen auf ehemaligen Wiesenflächen unterbrochen. Der Tanne auf anstehender Grauwacke an Konkurrenzkraft
überlegen, breitet sich die Buche an den Talhängen viel stärker
aus, ein ökologisches Verhalten, das bei Südexposition noch begünstigt wird. Selten und nur in kleinen Exemplaren ist *Ilex
aquifolium* zu finden, dagegen kommt *Hedera helix* häufiger vor.

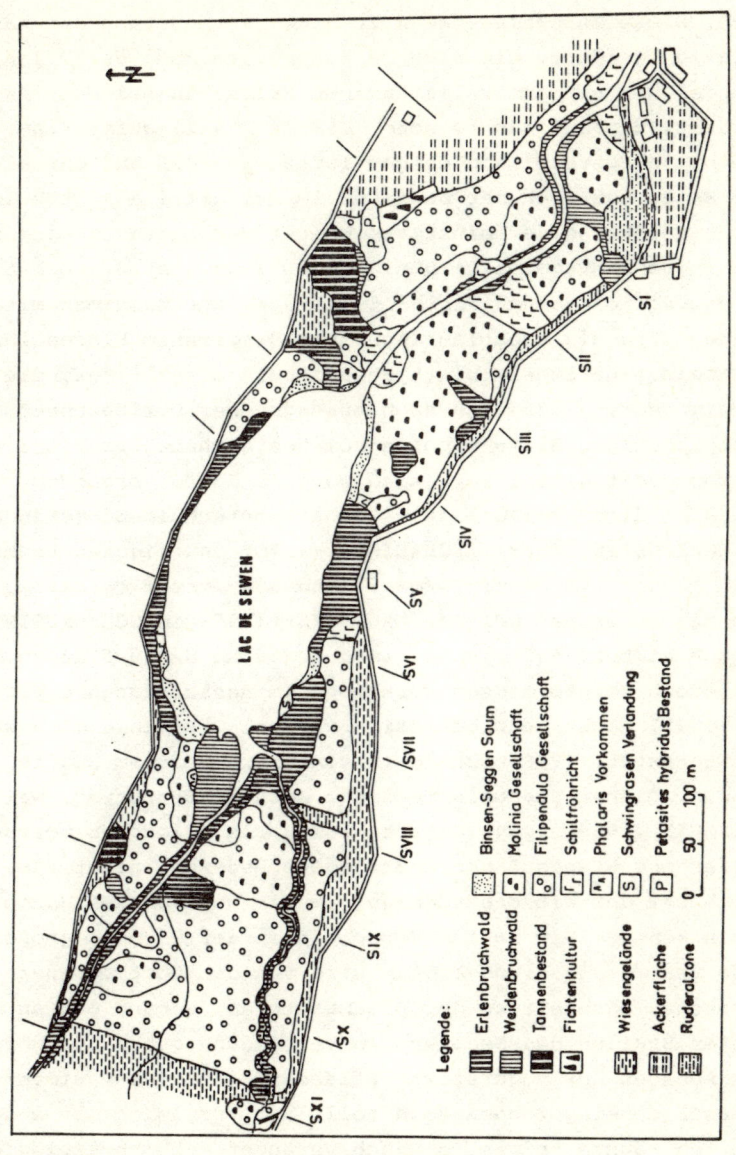

Abb. 3: Vegetationskarte des Sewenseegebietes.

15

Die Seen der elsässischen Seite der Vogesen sind durch menschliche Eingriffe, wie den Bau von Stauanlagen, stark verändert
worden. Diese Maßnahmen haben zu einer Veränderung der Wasservegetation geführt, die sich in einer Verarmung des Pflanzen-
bestandes bis hin zum vollständigen Erlöschen seltener Arten
ausdrückt. Hierauf machte schon ISSLER (1942) aufmerksam. Er
schreibt in Feststellung obiger Tatsachen, daß auf der elsässischen Seite nur noch der Sewensee im Dollertal als letzter Fundort für Relikte einer einstmals weiter verbreiteten nordisch-
subozeanischen Vegetation übrig bleibt: So gibt er noch *Sparganium angustifolium* und *Nuphar intermedia* an. Zusammen mit
Nymphaea alba als subatlantisch-submediterranem Florenelement
war damals eine Schwimmblattgesellschaft ausgebildet, die so
prächtig gedieh, daß sich nach Aussagen der Dorfbewohner ein
farbenprächtiger Blütenteppich vom See bachabwärts bis ins
Dorf zog. Seit dieser Zeit sind rund 30 Jahre vergangen, in
denen sich diese Pflanzengesellschaft entscheidend veränderte.
Nach OCHSENBEIN (1969), SCHNEIDER (1970) und eigenen Beobachtungen müssen *Nuphar intermedia* und *Sparganium angustifolium*
heute als erloschen gelten. RASTETTER (1969 in OCHSENBEIN)
war noch sicher, daß *Nuphar intermedia* am Seeausfluß zu finden
sei, jedoch konnte dieses Vorkommen im Beobachtungszeitraum
1975 - 1977 nicht mehr bestätigt werden. *Nymphaea alba* wurde
1975 vegetativ, 1976 blühend in einem Exemplar am Südufer
gefunden. Dieser Nachweis verdient deshalb Beachtung, weil
OCHSENBEIN (1969) *Nymphaea* ebenfalls als erloschen betrachtete.
Der ufernahe Standort schließt jedoch Bedenken nicht aus, daß
es sich bei der Wiederentdeckung um ein gepflanztes Exemplar
handeln könnte. Das rapide Verschwinden der ehemals großen Bestände von *Nymphaea* und *Nuphar* wird von den Dorfbewohnern mit
der raschen Ausbreitung der Bisamratte am Seebach und an den
seichten Stellen des Seeufers in Verbindung gebracht, wonach
durch Abnagen der vegetativen Pflanzenteile eine Dezimierung
der Bestände eingetreten sein soll. Der Vergleich mit anderen
Fundorten könnte zeigen, ob auch veränderte ökophysiologische
Faktoren den Rückgang verursacht haben. Am unweit gelegenen
Lachtelweiher konnten 1976 noch große Bestände von *Nymphaea
alba* beobachtet werden. Der Sewensee bietet dem heutigen Be-
trachter eine schwimmblattpflanzenfreie Wasseroberfläche.

Submers kommt in ausgedehnten Rasen *Elodea canadensis* vor;
auf Grund angeschwemmter, losgerissener Pflanzenteile müssen
ferner Vorkommen von *Myriophyllum alterniflorum* angenommen
werden. Am Bacheinlauf oberhalb des Sees wächst auf frischem
Schlammboden *Ranunculus aquatilis*. Menschliche Bewirtschaf-
tung haben die Vegetation des Talbodens und der Verlandungszone stark beeinflußt. Vor allem die Rodung und nachfolgende
Nutzung als Wiesen haben das natürliche Vegetationsgefüge
entscheidend verändert. Im Urzustand dürfte ein Erlen-Weiden-
Bruchwald mit seewärtiger Ried- und Röhrichtzone vorhanden
gewesen sein. Heute sind diese Bestände bis auf einen geringen Teil oberhalb des Sees reduziert. Zwei Ausbildungen müssen
dabei unterschieden werden, ein größerer Bestand an Schwarzer-
len am Südufer des Sees und ein Weidenbruch, der sich am rechts-
seitigen Seeufer zum einmündenden Seebach zieht. Er wird überwiegend von *Salix cinerea*, *S.aurita* sowie *Salix*-Bastarden auf-
gebaut. Wegen der unterschiedlichen Wasserführung im Jahres-
verlauf überflutet der Seebach diese Bruchwaldzone sehr oft;
er verläßt sein in relativ großen Mäanderschleifen gezogenes
Bachbett besonders in der Nähe der Einmündung in den Sewensee.
Hier vermindert sich die Schleppkraft des Baches, mitgeführtes
Material wird abgelagert und staut dadurch den Bachlauf oberhalb des Sees. Die Wassermassen des Sees selbst drücken die
noch wenig verfestigten Ablagerungen durch und erzeugen somit
eine das ganze Jahr über andauernde Staunässe. Sichtbar wurde
dies an Sondierungs- und Bohrlöchern in noch beträchtlicher
Entfernung vom See, aus denen noch tagelang nach der Bohrung
Wasser gedrückt wurde. Dieses Weidengebüsch setzt sich mit dem
Erlenbruch entlang der Bachufer als Galeriewald fort, öfters
werden die hohen Erlen von den angrenzenden Grundstückseigen-
tümern als Brennholzquelle geköpft. Vereinzelt ist diesen Näs-
sezeigern *Rhamnus frangula* beigemischt; unterhalb des Sees im
Schilfröhricht ist diese Art gering als reines Bruchgebüsch
vorhanden. Im Unterwuchs finden sich *Calamogrostis canescens*,
Lysimachia vulgaris, *Solanum dulcamara*, *Lycopus europaeus*,
Iris pseudacorus, *Lythrum salicaria*, *Athyrium filix - femina*,
also ein Artenspektrum, das sowohl in Bruchwäldern als auch in
feuchten Wiesen und moorigen Staudenfluren vorkommen kann.
Weniger häufig kommen *Aconitum vulparia* und *Ranunculus aconi-*
tifolius ssp.aconitifolius oberhalb des Sees entlang den

Bächen im Weidenbruch vor. Sie stellen Vertreter des montanen
Florenelementes dar, das sich in das colline Vegetationsbild
mischt. Bedeutsam ist der Fund von *Calamogrostis phragmitoides*
am Nordufer des Sees(zur Verbreitung s.PHILIPPI 1970). Die
gehölzfreien Flächen unterhalb des Sees werden überwiegend von
Molinia eingenommen. Zwischen den dominierenden *Molinia*-Bul-
ten tauchen einige *Carex*-Arten wie *C.panicea, C.echinata,
C.fusca, C.flava, C.pulicaris* auf, also Seggen mit überwie-
gender Verbreitung in Flachmooren. Eingestreut sind kleinere
*Sphagnum*flächen. Neben anderen Zeigern feucht-nasser Stand-
ortverhältnisse wie *Caltha palustris, Achillea ptarmica* und
Scutellaria galericulata sind diese *Molinia*-Bestände von weiteren Flachmoorpflanzen wie *Comarum palustre, Menyanthes
trifoliata* und *Parnassia palustris* durchsetzt. Unterhalb des
Sees quert ein breiter Schilfgürtel das Tal. Während *Phragmites communis* im übrigen Flachmoorbereich nur noch in Ein-
zelpflanzen auftritt, kommt es hier zu einer starken und aus-
geprägten Bestandsbildung. Dieses Vorkommen deckt sich mit dem
Bereich der geringsten Torfmächtigkeit, hier stehen glaziale
Schotter und Ablagerungen an. Eine zweite dominierende Vege-
tationseinheit sind die ausgedehnten *Filipendula*-Bestände, die
oberhalb des Sees verbreitet sind und sich seewärts mit den
Molinia-Beständen verzahnen. Sie treten dort auf, wo dem torfi-
gen Substrat mineralische Komponenten beigemischt sind, somit
weniger feucht-nasse Standortbedingungen herrschen. Während
oberhalb des Sees diese *Filipendula ulmaria*-Vorkommen im Unterwuchs sehr artenarm, zum Teil als rein zu bezeichnen sind,
mischt sich unterhalb mit geringer Mächtigkeit *Scirpus sylvaticus* bei.
Unschwer lassen sich *Molinia*- und *Filipendula*-Bestände als
Sekundärvegetation ehemaliger Wiesen erkennen. Nur die rück-
wärtig gelegenen trockeneren Wiesenstandorte wurden im Beobachtungszeitraum genutzt. Hier lassen sich zwei standörtlich
bedingte Ausbildungen unterscheiden, die zu den feucht-nassen
Torfböden anschließenden *Holcus*-Wiesen mit *Angelica sylvestris,
Mentha aquatica* und *Valeriana dioica*, sowie montanen Elementen
wie *Polygonum bistorta* und *Ranunculus aconitifolius*, und auf
mäßig feuchten, warmen Mineralböden die *Arrhenatherum*-Wiese
mit *Heracleum sphondylium* und *Knautia arvensis*. Sie tritt dann
auf, wenn sich der flache Talboden zu den langgezogenen Straßen-

böschungen und Talflanken hebt.

Die beiderseitigen Straßenbegrenzungen, anstehender Fels und
Steinmauern, sind von einem schmalen Saum mit *Sedum rupestre*,
Sedum telephium und *Genista sagittalis* besiedelt. Im dorfwär-
tigen Bereich wird diese Randvegetation von Ruderalpflanzen,
Urtica dioica, *Cirsium arvense* und *Rubus*-Arten überwachsen,
die sich vom dortigen Müllplatz und älteren dicht besiedelten
Schutthalden ausgebreitet haben.

Die ufernahen Vegetationsbereiche werden stark durch den
Angelbetrieb und Spazierpfade beeinträchtigt, soweit sie nicht
von Erlen und Weiden besetzt sind. Infolgedessen sind nackte
Torfstellen rings um den See nicht selten, an denen sich bei
nachlassender Störung Seggen- und Schilfzonierung einstellen
würde. Rest einer solchen Verlandungsfolge sind nur am Seeausfluß vorhanden. Hier trifft man noch relativ ausgedehnte *Carex
rostrata*-Bestände an. *Sparganium erectum* konnte in einem Exemplar an gleicher Stelle belegt werden. SCHNEIDER (1970) erwähnt
noch das Vorkommen von *Scirpus lacustris*, das ISSLER (1942)
ebenfalls schon erwähnte. Belege konnten jedoch nicht gefunden
werden. Auch *Butomus umbellatus* muß als erloschen gelten.

Die nassen, offenen Torfböden, die bei hohem Seewasserspiegel
jahreszeitlich noch überflutet sind, bilden Standorte verschiedener *Juncus*-Arten wie *Juncus bufonius*, *J.filiformis* und *J.
acutiflorus*. In Flachwasserzonen, besonders am Südufer des Sees,
schließt sich in lockeren Rasen *Eleocharis palustris* an. Auffällig waren im Beobachtungszeitraum Uferbereiche mit starker
Anschwemmung von Grobdetritus und bruchigem Zersatz. Diese
Zonen von 10 - 20 qm wurden sehr rasch von einer dichten Decke
mit Weidenjungwuchs bedeckt, so daß der Eindruck einer raschen
Verlandung innerhalb einer Vegetationsperiode bestand. Obwohl
diese Gebilde bei niederem Wasserstand begehbar waren und so
eine gewisse Festigkeit aufwiesen, konnten sie sich vermutlich
gegen die erosive Kraft des Wellenschlages nicht behaupten, da
sie im Frühjahr 1977 nicht mehr nachzuweisen waren. Abgesehen
von dieser Eigentümlichkeit ist die ufernahe Zone rings um den
See nicht einheitlich gestaltet. Sieht man weiterhin von den
bis ans Seeufer reichenden Bruchwäldern ab, so findet man am
westlichen Uferbereich einen *Sphagnum*-Schwingrasen von ca. 50 qm.
Er wird überwiegend von *Sphagnum cuspidatum* gebildet, an Ge-

fäßpflanzen kommen *Carex rostrata, Drosera rotundifolia* in
kleinen Flecken, sowie in der Randzone zum offenen Wasser Er-
lenjungwuchs und wenig *Phalaris arundinacea* vor. Der Schwing-
rasen weist eine mittlere Mächtigkeit von 1,50 m auf, auf
Grund von Sondierungen muß unter der schwimmenden Moosschicht
mit ca. 2 m freiem Wasser gerechnet werden.
Unweit davon liegt zwischen dem Erlenbruch und Wiesengelände
eine Pflanzengemeinschaft mit ausgedehntem Zwischenmoorcharak-
ter. Es treten reichlich *Menyanthes trifoliata, Parnassia
palustris* und *Comarum palustris* auf. Hier ist auch der einzige
Fundort von *Eriophorum angustifolium*. Als Besonderheit muß
Scheuchzeria palustris gelten, zusammen mit dem Vorkommen von
Carex limosa. Diese Art findet sich außerdem unterhalb des
Sees am südlichen Ufer des Seebachs. OCHSENBEIN (1969) erwähnt
noch *Lycopodium inundatum* und *Vaccinium oxycoccus*, beide konnten jedoch nicht bestätigt werden.

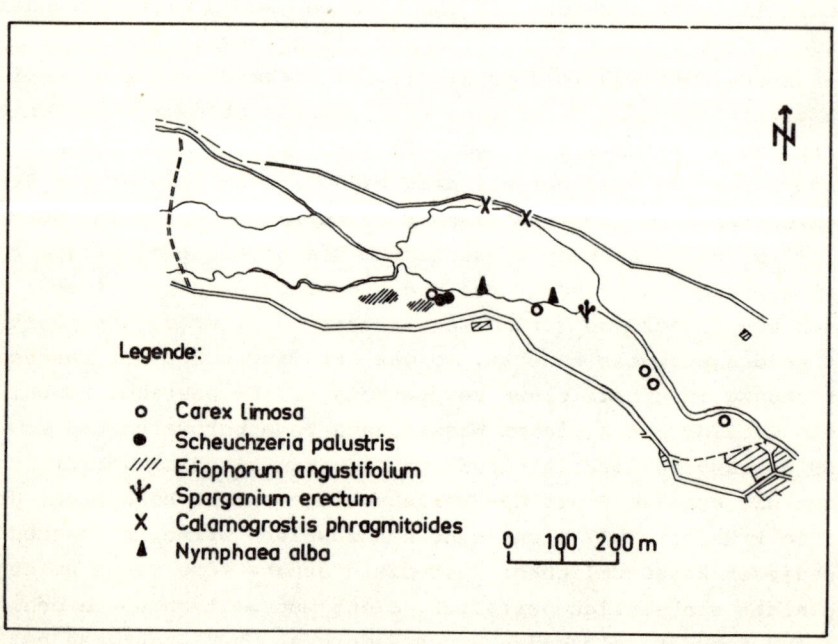

Legende:

 o   Carex limosa
 ●   Scheuchzeria palustris
 //// Eriophorum angustifolium
 Ψ Sparganium erectum
 X Calamogrostis phragmitoides
 ▲ Nymphaea alba

0   100 200 m

Abb. 4: Vorkommen bemerkenswerter Einzelfunde am Sewensee.

Geht man von der realen Vegetation des Untersuchungsgebietes - womit das Verlandungsgebiet und der Talboden gemeint ist -
zur Frage nach der potentiellen natürlichen Vegetation über,
so muß an der Stelle der *Molinia*-und *Filipendula*-Bestände ein
Erlen-Weiden-Bruchwald angenommen werden. Von dem engeren
Verlandungsbereich direkt am See abgesehen war dieser wahrscheinlich schon vor der menschlichen Rodung als Klimaxvege-
tation vorhanden. Die heutigen gehölzfreien Flächen müssen demnach als Sekundärvegetation angesehen werden. Ein so schwer-
wiegender Eingriff wie die Rodung eines Waldbestandes bewirkt
eine tiefgreifende Veränderung des ökologischen Gleichgewichts.
Geringere Transpirationsrate und Wasserbedarf lösen Versumpfungs-
erscheinungen und Torfbildung aus, Voraussetzung für Flach-
moorbildung. Ein Erlenbruchwald als Endglied der Verlandungsabfolge eines Sees deutet primär auf einen gewissen Nährstoff-
reichtum des Wassers hin. Für eine entsprechende Sukzessionsreihe Schwimmblattgesellschaft - Röhrichtzone - Erlenbruchwald sprechen die erwähnten Pflanzenvorkommen wie *Nymphaea*
alba, *Scirpus lacustris* oder *Phragmites communis*. Nicht unbe-
achtet dürfen daneben eher oligotrophe Zeigerpflanzen wie
Myriophyllum alterniflorum bleiben und die ehemalige Vorkommen
von *Nuphar intermedia*.
Ebenso gesondert bezüglich der Nährstoffe steht auch die schwache Zwischenmoorausbildung. Die pH-Wert Stichprobenmessung aus
einer benachbarten Schlenke ergab einen Wert von 5,6. Messungen
am Ein- und Ausfluß des Sees lagen bei 6,6 und 6,8. Eine Analyse der Wasserproben ergab folgenden Kationengehalt (mg/l):
Na^+o,24; Mg^{++}o,64; Ca^{++}4,98. Phytoplanktontische Untersuchungen von BALDENSBERGER (1926) zeigen ein ähnliches Bild. Überwiegen im Artenspektrum *Desmidiaceae* wie *Cosmarium*, *Desmidium*
und *Closterium* zusammen mit anderen Zeigern für oligotrophe,
saure Gewässer, so kommen besonders unter den *Cyanophyceae*
Arten mit hohen Nährstoffansprüchen vor.
Der ost-west gerichtete Talverlauf begünstigt im Untersuchungsgebiet eine Verzahnung montaner Pflanzenarten mit Ver-
tretern aus dem Hügelvorland und der Rheinebene. Im Untersuchungsgebiet wird kleinräumlich deutlich, was den besonderen
Charakter der Vogesenflora als Folge der Grenzlage zwischen
atlantisch-subatlantischem und zentraleuropäischem Floren-

gebiet prägt. Die Florenliste des Sewenseegebietes kann dies
verdeutlichen:

Abies alba
Acer pseudoplatanus
Achillea ptarmica
Aconitum vulparia
Adoxa moschatellina
Agrimonia procera
Agrostis canina
Alnus glutinosa
Anthoxanthum odoratum
Angelica sylvestris
Aquilegia vulgaris
Arrhenatherum elatius
Aruncus dioicus
Asarum europaeum
Asplenium trichomanes
Aster salignus
Athyrium filix-femina
Betula pendula
Briza media
Bromus racemosus
Calamagrostis canescens
Calamagrostis phragmitoides
Callitriche hamulata
Calluna vulgaris
Caltha palustris
Campanula glomerata
Cardamine pratensis
Carex canescens
Carex echinata
Carex elongata
Carex flava
Carex fusca
Carex gracilis
Carex lasiocarpa
Carex leporina
Carex limosa
Carex panicea
Carex pulicaris
Carex rostrata
Carex vesicaria
Carpinus betulus
Castanea sativa
Cephalantera longifolia
Chrysosplenium oppositifolium
Cirsium arvense
Comarum palustre
Cornus mas
Cornus sanguinea
Corylus avellana
Daphne mezereum
Dianthus carthusianorum
Digitalis lutea
Digitalis purpurea

Drosera rotundifolia
Eleocharis palustris
Elodea canadensis
Epilobium hirsutum
Epilobium montanum
Epilobium palustre
Epilobium parviflorum
Equisetum fluviatile
Eriophorum angustifolium
Eupatorium cannabinum
Euonymus europaeus
Fagus sylvatica
Festuca ovina
Festuca rubra
Filipendula ulmaria
Fraxinus excelsior
Galium harcynicum
Galium uliginosum
Genista sagittalis
Geum rivale
Geranium sylvaticum
Glechoma hederacea
Gymnocarpium dryopteris
Hedera helix
Helleborus foetidus
Heracleum sphondylium
Holcus lanatus
Ilex aquifolium
Iris pseudacorus
Juncus acutiflorus
Juncus bufonius
Juncus bulbosus
Juncus filiformis
Knautia arvensis
Lamium album
Lamium galeobdolon
Lamium maculatum
Lamium purpureum
Leontodon hispidus
Leucojum vernum
Luzula nemorosa
Lychnis flos-cuculi
Lycopus europaeus
Lysimachia vulgaris
Lythrum salicaria
Melampyrum pratense
Melandrium rubrum
Mentha aquatica
Mentha trifoliata
Mercurialis perennis
Molinia caerulea
Myosotis palustris
Myriophyllum alterniflorum

Nymphaea alba
Orchis majalis
Orchis mascula
Orchis traunsteineri
Parnassia palustris
Pedicularis palustris
Petasites hybridus
Phalaris arundinacea
Phleum pratense
Phragmites communis
Phyteuma nigrum
Picea abies
Pimpinella major
Plantago lanceolata
Poa pratensis
Polygala vulgaris
Polygonatum multiflorum
Polygonatum verticillatum
Polygonum bistorta
Polypodium vulgare
Polystichum lobatum
Potentilla erecta
Primula veris
Quercus petraea
Ranunculus aconitifolius
Ranunculus aquatilis
Ranunculus flammula
Rhamnus frangula
Rubus idaeus
Rumex acetosa

Salix alba
Salix aurita
Salix cinerea
Salix elaeagnos
Salix triandra
Sambucus ebulus
Saponaria officinalis
Scheuchzeria palustris
Scirpus sylvaticus
Scutellaria galericulata
Sedum rupestre
Sedum telephium
Solanum dulcamara
Sorbus aria
Sorbus aucuparia
Sparganium erectum
Stellaria holostea
Succisa pratensis
Symphytum officinale
Teucrium scorodonia
Thelypteris phegopteris
Tilia platyphyllos
Thymus pulegioides
Trifolium pratense
Ulmus glabra
Urtica dioica
Valeriana dioica
Veronica scutellata
Viburnum opulus
Viola palustris

Die Umgebung des Sewensees gilt auch als Standort einer
bemerkenswerten Moosflora. Eine Übersicht neuerer Moosfunde
aus der Umgebung des Sewensees gibt RASTETTER (1966,1967).

2.4 Glazialgeologische Situation

Während der letzten Eiszeit lag das Untersuchungsgebiet innerhalb der Würmvereisungsgrenze. Große Talgletscher, in ihrer Ausdehnung die des Schwarzwaldes übertreffend, reichten während des Hochstandes bis an den Vogesenrand. Ihr Nährgebiet ging jedoch von einer geringmächtigen Plateauvergletscherung aus, so daß die Schneeakkumulation in erster Linie durch Windverwehungen zustande kam. Die Ausdehnung der Würmgletscher blieb hinter derjenigen der Rißeiszeit zurück, die mit mächtigen Vorlandgletschern weit in das Vorland hineinreichten (RAHM 1967, SERET 1967, PFANNENSTIEL 1963). Dieser Vergletscherungstyp wird als Malaspinatyp bezeichnet, eine Vergletscherungsform, die ein getrenntes Nährgebiet und ein gemeinsames Zehrgebiet aufweist (ERB 1948, RAHM1967). ROTHER (1971) spricht vom norwegischen Typ wie im Schwarzwald. Oft kam es daher zu Konfluenzen der einzelnen Gletscher, die dann in einer einzigen großen Endmoräne endeten, wie überhaupt alle Glazialformen in den Vogesen stärker und deutlicher ausgeprägt sind als im Schwarzwald. Dies hängt sicherlich mit der allgemein höheren klimatisch bedingten Vergletscherungsbereitschaft der Vogesen zusammen. So stieß auf der Westseite der würmeiszeitliche Moselgletscher mit einer Länge von 40 km bis in die Gegend von Remiremont vor, die Gletscher der Süd- und Osttäler erreichten Längen zwischen 15 - 20 km, lagen also im Bereich des längsten Gletschers des Südschwarzwaldes, des Wiesentalgletschers mit einer Länge von 25 km.
Der Gletscher, der vom Ballon d'Alsace ins Dollertal herabzog, lagerte im Würmmaximum bei Kirchberg drei gestaffelte Endmoränen ab (PFANNENSTIEL 1963, RAHM 1967, HASERODT 1970). Er erreichte damit eine Länge von ungefähr 12 km. Gespeist wurde der Dollergletscher aus verschiedenen Nährgebieten. Einmal aus der Karregion des Alfeld mit Ballon d'Alsace, zum anderen aus dem Wagensthal und der Lerchenmatt. Dieser Teilgletscher, durch Gletscherschliffe und Moränenreste nachgewiesen, mündete in einer kleinen Konfluenzstufe bei Sewen in den vom Alfeld und dem Seebachtal herausströmenden Dollergletscher. Ob das benachbarte Grabertal ebenfalls eine eigenständige Vergletscherung erfuhr, ist nicht gesichert, da es sich bei den nach-

gewiesenen Moränenresten gleichfalls um eine Ufermoräne des Dollergletschers handeln könnte. Ein Transfluenzpaß zwischen dem Bramenstein und dem Hohenstein mit granitischen Geschiebe auf anstehender Grauwacke deutet auf die Mächtigkeit des Gletschers hin, obgleich auch diese Glazialspuren durch Aufstauung des Seitentalgletschers durch den Hauptgletscher entstanden sein könnten. Wesentlich verstärkt wurde der Dollergletscher durch die vereinigten Gletscherströme aus den Karen des Grand und Petit Neuweiher und des Lac des Perches, die über einen Gesteinsriegel bei Oberbruck aus dem Rimbachtal in das Dollertal einmündeten. Ob von dem Kar des Lachtelweiher ein Gletscher das Haupttal noch erreichte muß bezweifelt werden. Die zahlreichen Glazialspuren und Endmoränen verschiedener Rückzugsstände in den Tälern regen dazu an, ein ähnliches Rückzugsmodell für das Untersuchungsgebiet zu entwickeln wie ERB (1948) und REICHELT (1961) für den Südschwarzwald. RAHM (1967) meint, daß ein Vergleich beider Gebirge nicht unbedingt zwingend die gleichen Rückzugsstände ergeben müßte, schließt jedoch die Möglichkeit einer Parallelisierung nicht aus. Bei ZIENERT (1967) findet sich eine Eingliederung der Vogesen-Kare in das ERB'sche Schema des Eisrückzuges.

Die folgenden Überlegungen sollen als Versuch gelten, einen Vergleich mit dem Schwarzwald anzuregen, der sich mit den vegetationsgeschichtlichen Ergebnissen zu einem genaueren Abbild der spätglazialen Verhältnisse erweitern soll.

Für die Problematik der Untersuchung ist eine genauere glazialmorphologische Beschreibung des Seebachtales mit dem Sewensee und dem Alfeld bis hin zu den Höhenflächen des Ballon d'Alsace nötig. Eine der Hauptfragen betrifft die Abdämmung des Sees nach Osten hin. Ist der Sewensee durch eine Endmoräne aufgestaut worden oder ist der Gesteinsriegel, auf dem das Dorf steht, die alleinige Ursache der Seebildung? Wenn der Nachweis einer Stirnmoräne gelingt, so muß es sich um einen Rückzugshalt des Gletschers handeln. Schon früh befaßte man sich mit dieser Fragestellung. DEECKE (1897) und SCHUHMACHER (1909), dort auch Übersichtskarte über Glazialbildungen der Mittel- und Südvogesen, postulieren die Seebildung als orographisch bedingt, sprachen somit dem Seebachtal den Charakter eines Zungenbeckens im Sinne einer glazialen Serie ab. Die Genese des Tales und somit des Sees sei primär tektonisch bestimmt.

Der Nachweis von Moränenmaterial auf dem Gesteinsriegel sei
nicht möglich. Selbst PFANNENSTIEL (1963) und HASERODT
(1970) betrachteten die Frage der Seeabdämmung als nicht eindeutig geklärt. Bei RUHLAND (1967) findet man jedoch den Nachweis einer Stirnmoräne auf dem Gesteinsriegel, die zeitweise
durch den Seebach freigelegt worden war. Somit muß das dahinterliegende Seebecken als glaziales Zungenbecken betrachtet
werden, das durch eine Endmoräne bei Sewen abgedämmt wurde.
Eine Abflußverzögerung ist auch durch die Schuttmassen möglich,
die aus der Runse des Fallengesicks sich in Form eines Schwemm-
kegels in das Seebecken vorgeschoben haben. Das Untersuchungsgebiet reiht sich damit in die Reihe der großen glazialen
Zungenbecken ein, die schon früh als bedeutsam für eine Datierung erkannt wurden, wie der ehemalige See bei Urbès (OBER-
DORFER1937) mit einer Länge von 1300 m, abgesperrt durch eine
Endmoräne bei 450 m oder der See von Wildenstein, mit einer
Ausdehnung von 1700 m und Endmoränenlage in einer Höhe von
550 m (RUHLAND 1969). Deutlich sichtbar sind die Verhältnisse
an dem zweiten Gesteinsriegel, der unterhalb des Sees das Tal
quert. Während er in der Mitte des Tales unterhalb des Seespiegels liegt und von limnischen Ablagerungen und Torf überlagert
ist, tritt er sowohl am Südhang als Rundhöcker hervor, die Straße
führt in einem Bogen um das Anstehende herum, am Nordhang letztlich, wo er von Tannen bewachsen und mit lockerem Gehängeschutt
überzogen ist, ragt er in den heutigen Talboden hinein. Hinter
diesem Riegel weitet sich das Tal, bedingt durch die leichter
ausräumbaren karbonischen Ablagerungen. Ein weiterer Moränen-
zug mit einer Höhe von 10 m quert kurz vor dem Aufstieg zur
prächtig ausgebildeten und fast alpin anmutenden Rundhöcker-
landschaft des Lac d'Alfeld den Talboden (HASERODT 1970).
Sondierungen in der dahinterliegenden kleinen Senke nach Torfbildungen oder Seeablagerungen führten zu keinem Erfolg. Der
Lac d'Alfeld (620 m) ist der unterste Teil eines Treppenkars,
seine Karschwelle wird von dem hier beginnenden Granitsockel
des Ballon d'Alsace bestimmt. Auf ihm ruht die Staumauer des
heutigen Staubeckens. Bei den ehemaligen Arbeiten zur Errich-
tung des Wasserreservoirs fand man Gletschertöpfe, einer davon
wurde ausgemeißelt und nach Straßburg transportiert, die anderen im Zuge der Baumaßnahmen wieder zugedeckt. Das obere Kar

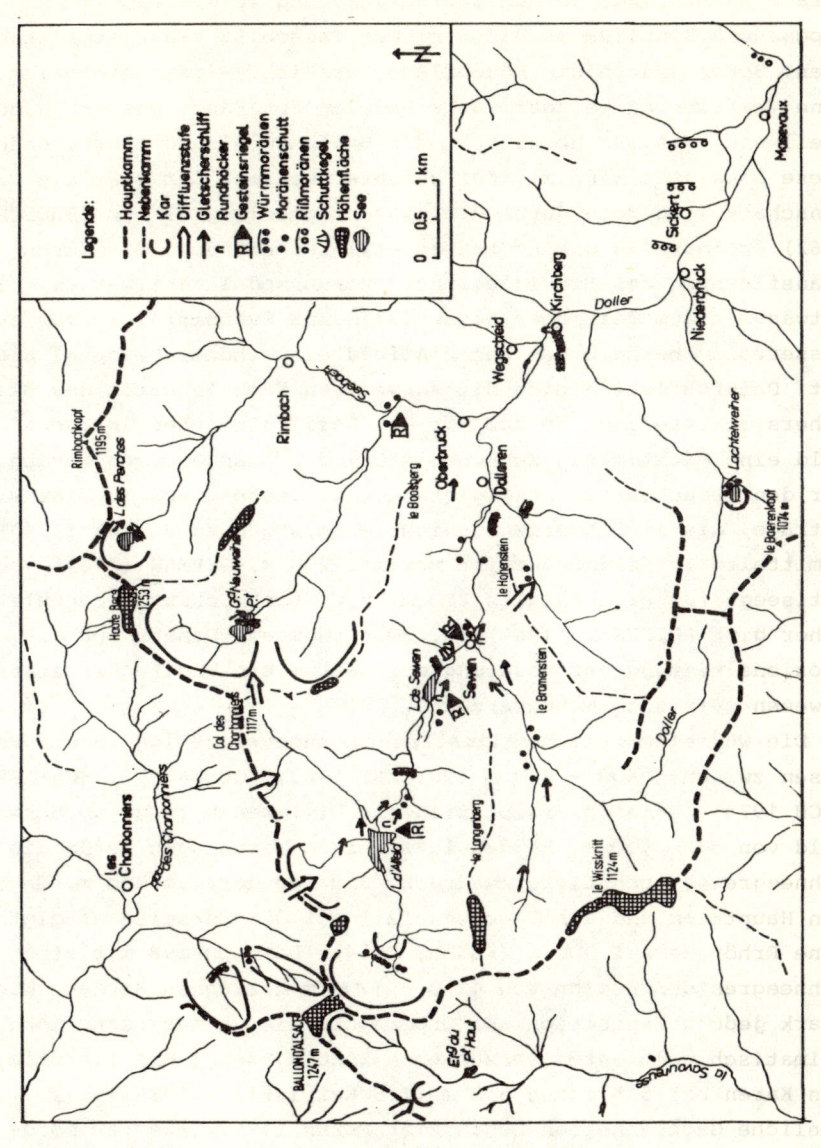

Abb. 5: Karte der glazialgeologischen Situation im Untersuchungsgebiet (nach SCHUMACHER 1909, ergänzt nach
HANDTKE 1978).

27

liegt mit seinem Talboden in einer Höhe von 720 m. Die Auto-
straße führt rings um die Karrückwand und vermittelt einen
imposanten Einblick in das Kar. Der Talschluß führt steil nach
oben. Bevor jedoch die Höhenfläche erreicht wird, unterbricht
eine Verflachung bei der Ferme Bedelen den Hang, ehe er in der
Steilwand, die zur Hochfläche des Ballon d'Alsace führt, endet.
Diese Lokalität kann als Kar gedeutet werden. Der glaziale For-
menschatz wird noch durch die ausgeprägte Trogtalform (DRESCH
1962) ergänzt, in die heute Hängetäler einmünden, die durch
Transfluenzen des Moselgletschers herausmodelliert wurden. Sie
entwässern zum Teil über Wasserfälle ins Seebachtal, wofür der
Wasserfall oberhalb des Lac d'Alfeld ein schönes Beispiel bietet. Dadurch lassen sich die ehemaligen Mächtigkeiten des Gletschers feststellen. So muß für den Dollergletscher am Lac d'Alfeld eine Mächtigkeit zwischen 250 - 300 m angenommen werden,
für den benachbarten Moselgletscher mindestens 400 m. Dies sind
Beträge, die im Schwarzwald nicht erreicht wurden. ERB (1948)
ermittelte im Feldseebereich maximal 200 m, GERMAN (1961) vom
Titiseegletscher ebenfalls 200 m, vom Ibach-Schwarzenbachglet-
scher gibt REICHELT (1961) ca. 50 - 60 m an. Danach muß die
Erosionsleistung der Vogesengletscher um ein Vielfaches stärker
gewesen sein als im Schwarzwald.

Die würmeiszeitliche klimatische Schneegrenze lag in den Vogesen zwischen 800 - 900 m (TRICART 1963, ROTHER 1971, SCHWARZ-
BACH 1974). Demnach ergibt sich ein Differenzbetrag zum Schwarzwald von 50 - 100 m. An den luvseitigen Westhängen wurde die
Schneegrenze noch tiefer gedrückt und lag dort um 800 m. Gegen
den Hauptkamm und den Vogesenabfall auf der Ostseite erfolgte
eine Erhöhung auf 900 m (EGGERS 1964). Demnach muß mit einer
Schneegrenzdepression von 1150 - 1200 m gerechnet werden. Wie
stark jedoch Exposition und Orographie die Schneegrenze lokal-
klimatisch nach unten verschieben können, zeigt die Tiefstlage
von Karen bei 575 m und 540 m (ZIENERT 1961, ROTHER 1971).
Ähnliche Gegebenheiten beschreibt FEZER (1957) aus dem Nord-
schwarzwald, wo Kare bis zu 300 m unter der klimatischen
Schneegrenze liegen. Für die Vogesen räumt er allerdings nur
eine Differenz von 100 m zwischen Schneegrenze und Kartiefstlage
ein.

Nach ZIENERT (1967) lassen sich die Kare der Kristallin-Vogesen nach ihrer Höhenlage in vier Gruppen einteilen, die den bekannten Rückzugsstadien des Südschwarzwaldes gleichzusetzen sind (Tab. 2):

Südvogesen		Südschwarzwald
Karuntergrenze	Kargruppe	Gletscherstände
680–700m (540 m)	a	Würmmaximum
870–880 m (730 m)	b	Titisee
ca. 980 m (860 m)	c	Zipfelhof
ca. 1100 m (950 m)	d	Feldsee

Tab. 2: Vergleich der Gletscherstände des Südschwarzwaldes und der Karvorkommen der Südvogesen. (nach ZIENERT 1967).

Versucht man nun das Alfeld Kar und das Bedelen Kar dem ZIENERT'schen Schema zuzuordnen (diese Kare sind neben anderen von ZIENERT 1967 nicht erfaßt) so müßte das Alfeld Kar in der ersten Gruppe eingereiht werden, das Bedelen Kar mit einer Karbodenhöhe von 850 m in der zweiten Gruppe. Dies würde wiederum bedeuten, daß bereits vom Titiseestadium an Doller- und Seebachtal bis unterhalb des Gipfels eisfrei waren, daß also der Eisrückzug des Dollergletschers sehr rasch vor sich gegangen wäre. Zum anderen scheint dann die Interpretation und zeitliche Zuordnung der oben beschriebenen Moränen schwer möglich. Auf Grund dieser Vorüberlegungen könnten für das Untersuchungsgebiet folgende Rückzugsstadien naheliegen:

29

Die gestaffelten Moränenzüge bei Kirchberg stellen die Maximalausdehnung des würmeiszeitlichen Dollergletschers dar.
Demnach wären die Moränen des Titisee- und Zipfelhofstadiums
innerhalb des Seebachtales zu suchen, da außerhalb bisher
keine Endmoränen nachgewiesen wurden. Die neueren Ergebnisse
von RUHLAND (1967) legen nahe, die Stirnmoräne beim Dorf Sewen
und das dahinterliegende Zungenbecken mit dem heutigen Restsee
dem Titiseestadium gleichzusetzen, die Karlage des Alfeld wäre
dann dem Zipfelhofstadium analog. Die tiefen Lagen der Rückzugsstadien scheinen einer solchen Gliederung zu widersprechen,
wenn man die Höhenlagen im Schwarzwald als Vergleich heranzieht
(ERB 1948, REICHELT 1961). Doch schon die Endlage des Würm-
maximums bei 450 m zeigt wie anders hier die Verhältnisse sind.
Da sich außerdem die ausgedehnten Hänge im Windschatten der
westlichen Hauptwindrichtung als ausgedehnte Schneesammler eig-
neten, kann mit einer 100 - 200 m tieferen lokalen Schneegrenze
als der klimatischen gerechnet werden (ERB 1948).

Die Einordnung der großen Schwarzwaldseen zwischen Titiseestadium und dem erneuten Vorstoß während der Zipfelhofphase
erlaubt die Vogesenseen, die als Zungenbeckenseen erkannt wurden, dem Titiseestadium gleichzusetzen. Einen endgültigen Rückzug der Gletscher postuliert TRICART (1963) zu Beginn des Alleröd für das Hohneck-Gebiet. In der Jüngeren Dryas soll nur eine
Auffrischung der Glazialspuren innerhalb der hochgelegenen Kare
stattgefunden haben. Für das Feldseestadium berechnete ERB
(1948) an der Typlokalität die Höhe der Schneegrenze zwischen
1330 und 1350 m. Vergleicht man dieses Ergebnis mit der allgemeinen Schneegrenzdepression der Vogesen, so ist es wahrscheinlich, daß das Massiv des Ballon d'Alsace mit seiner Höhe von
1247 m im Feldseestadium im Bereich der Schneegrenze lag
(vgl. Tab. 3).

Südvogesen	Südschwarzwald	
DOLLERTAL	BÄRENTAL	IBACH – SCHWARZENBACH
Kirchberg 450 m	Niedermühle 630 m	Stadium I 600 – 640 m
Sewen 505 m	Titisee 850 m	Stadium II 850 – 920 m
Alfeld ? 620 – 700 m	Zipfelhof 900 m	Stadium III 900 – 1040 m
Bedelen ? 850 m	Feldsee 1100 m	–

Tab. 3: Vergleich der Gletscherstände im Dollertal mit Rückzugsstadien aus dem Südschwarzwald.

Die Betrachtungen über den würmeiszeitlichen Gletscherrückzug müssen letztlich unter Hinzuziehung der neueren Ergebnisse von SCHREINER (1977) aus dem Feldberggebiet des Südschwarzwaldes gesehen werden. Die Verknüpfung mit den alpinen Ständen von HEUBERGER (1968), die jedoch mit den alpinen Datierungen von PATZELT (1972, 1973) gesehen werden müssen, verdeutlichen die gesonderte Dynamik des Gletscherrückzuges in den Mittelgebirgen. Insbesondere bedürfen die palynologischen Untersuchungen von LANG (1975) aus dem Feldseemoor vordringlicher Beobachtung, wo innerhalb des Alleröds mit dem Nachweis des Laacher Bimstuff eine absolute Altersdatierung vorliegt. Der Feldseestand im Südschwarzwald ist demnach älter und kann zeitlich nicht mehr in die Jüngere Dryas eingeordnet werden.

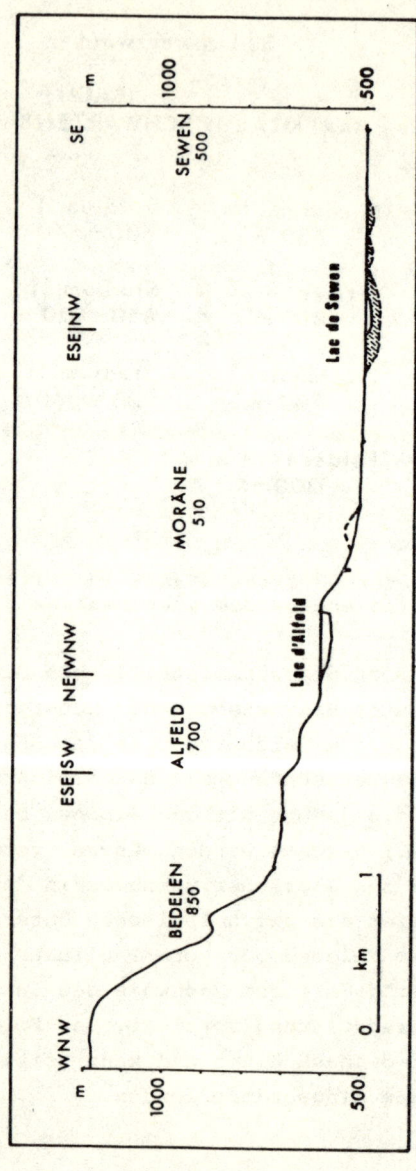

Abb. 6: Längsprofil durch das obere Seebachtal zum Ballon d'Alsace.

32

2.5 Geschichtlicher Überblick

Das Vorland der Südvogesen, Hügelland und oberrheinische
Tiefebene, stellen eine altbesiedelte Landschaft dar. Bereits
für das Paläolithikum bezeugen Funde von Gerätschaften, wie
Steinbeile und Äxte, die Anwesenheit von Jägern und Sammlern.
Zahlreiche Nachweise aus dem Neolithikum, vor allem im Sund-
gauer Hügelland und im elsässischen Jura, deuten auf eine seß-
hafte und ackerbauende Bevölkerung. Von diesen frühen Zeugnis-
sen menschlicher Siedlung sind jedoch die inneren Vogesentäler
ausgenommen. Während der Bronzezeit erfolgte sogar eine deutliche Verlagerung der Siedlungsstätten vom Gebirgsrand weg
in die flache und weiträumige Tiefebene des Rheins.
Bedeutende erste Spuren hinterließen erst die inzwischen ein-
gewanderten Kelten in der Hallstatt- und beginnenden Latène-
Zeit. Der Ballon d'Alsace soll in der Latène-Zeit Ort einer
keltischen Kultstätte gewesen sein, die dem Sonnengott Belen
geweiht war. Hiervon wird die Bezeichnung "Ballon" abgeleitet,
weniger als keltische Bezeichnung der Rundbuckel. Bedeutende
Wandlungen brachte die Romanisierung des Gebietes nach der
Niederlage Ariovists durch Caesar 58 v. Chr. bei Ochsenfeld.
Die Unwegsamkeit des Dollertales beim Ausbau des römischen
Straßennetzes dürfte einer der Hauptgründe für die ausbleiben-
de Besiedlung gewesen sein, da zumal am benachbarten Col de
Bussang eine wesentlich verkehrsgünstigere Paßlage vorhanden
war. Erst mit dem Landesausbau kam es zur Besiedlung abgele-
gener Vogesentäler. Eine der vielen Klostergründungen des 7.
und 8. Jhdt. am Vogesenrand, von denen die Besiedlung der Vogesen ausging, war Masevaux im Dollertal im Jahre 728 n. Chr.
Urkundlich erwähnt wird Sewen erstmals 1312. In weiteren
Schriftzeugnissen wird die Bedeutung als Hauptort des Meier-
tums Sewental der Abtei Masevaux belegt. Die Anlage von Hoch-
weiden und Käsereien auf den Kammregionen brachte bedeutende
Eingriffe in das Naturgefüge mit sich. Die frühesten Käsereien
sind schon 1000 n. Chr. angelegt worden.

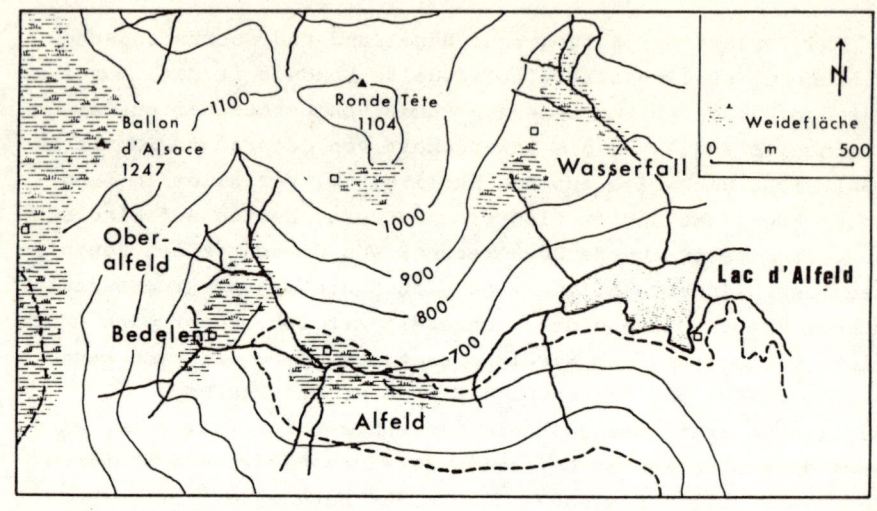

Abb. 7: Vorkommen ehemaliger Weideflächen im Alfeld
und am Ballon d'Alsace (nach SCHUMACHER 1890).

Landwirtschaft war der Haupterwerbszweig der Bevölkerung im
Dollertal bis ins 19. Jhdt., wo noch mehr als die Hälfte der
Gemarkungsfläche als Weide genutzt wurde. Aufkommende Metall-
industrie durch Abbau von Erz, Kupfer und Silber im Seebachtal
sowie die Gründung von Textilfirmen in Masevaux sorgten für
eine Umstrukturierung der erwerbstätigen Bevölkerung, die sich
bis heute unter dem Einfluß des Einzugsgebietes von Mulhouse
fortsetzt. Auffällig ist der Vergleich der Einwohnerzahlen im
Jahre 1895 mit 752 Personen, und 1968 mit 604 gemeldeten Ein-
wohnern. Auch hier zeigt sich eine rückläufige Bevölkerungs-
entwicklung, wie sie überall in den Vogesen festzustellen ist.

34

3. Die Arbeitsweise

3.1 Feldarbeit

Da es sich bei der ausgewählten Lokalität um ein großflä-
chiges Gebiet handelt und die eingehende Erfassung des ehemaligen Seebeckens mit einer Vielzahl von Bohrungen angestrebt
wurde, war es notwendig mittels eines Gitternetzes eine genaue
Arbeitsunterlage zu schaffen. Im Abstand von je 100 m wurden
deshalb 3 Längsprofile (als T bezeichnet) und 11 Querprofile
(als S bezeichnet) der Geländesituation und dem Talverlauf an-
gepaßt, markiert und einnivelliert. Entlang der Querprofile erfolgten stratigraphische Bohrungen in Abständen von 10 m im
randnahen Bereich, gegen die Mitte hin von 20 - 30 m. Bei den
Längsprofilen erwiesen sich 50 m Abstände als ausreichend.
Insgesamt 94 Bohrungen bis zu einer Tiefe von 15 m lieferten
Aufschluß über die Art der Sedimente und ihre Mächtigkeit. Die
Rohrsonde (Eigenkonstruktion) mit einer Sedimentaufnahmelänge
von 1 m und 4 cm Durchmesser arbeitete in Tiefen bis zu 12 m
zuverlässig. Über 12 m war oftmals eine Erweiterung des Bohr-
loches durch mehrmaliges Abbohren gleicher Tiefen notwendig,
da das Gerät dort zur Seite auswich und nicht mehr im alten
Bohrloch weitergeführt werden konnte. Die erreichte Tiefe von
15 m war die Einsatzgrenze dieses Gerätes, da aus größerer
Tiefe ein Hochziehen mittels Handbetrieb nicht mehr möglich
ist. Auslotungen der Wassertiefen des Sees in 20 m Abständen
erfolgten in Verlängerung der einmündenden Querprofile. Für
die Nivellierung der Quer- und Längsprofile wurde ein Ertel -
Baunivellier mit Selbsteinwägung verwendet.
Um Angaben über den zeitlichen Verlauf der Sedimentation und
Verlandung zu erhalten, wurde an 35 Punkten der Längs- und
Querprofile im Abstand von 1 m, bei Sedimentwechsel im Abstand
von 50 cm, Proben für eine pollenanalytische Bearbeitung ent-
nommen. An ausgewählten Stellen sollten vollständige Pollen-
profile Aufschluß über die Vegetationsabfolge ermöglichen.

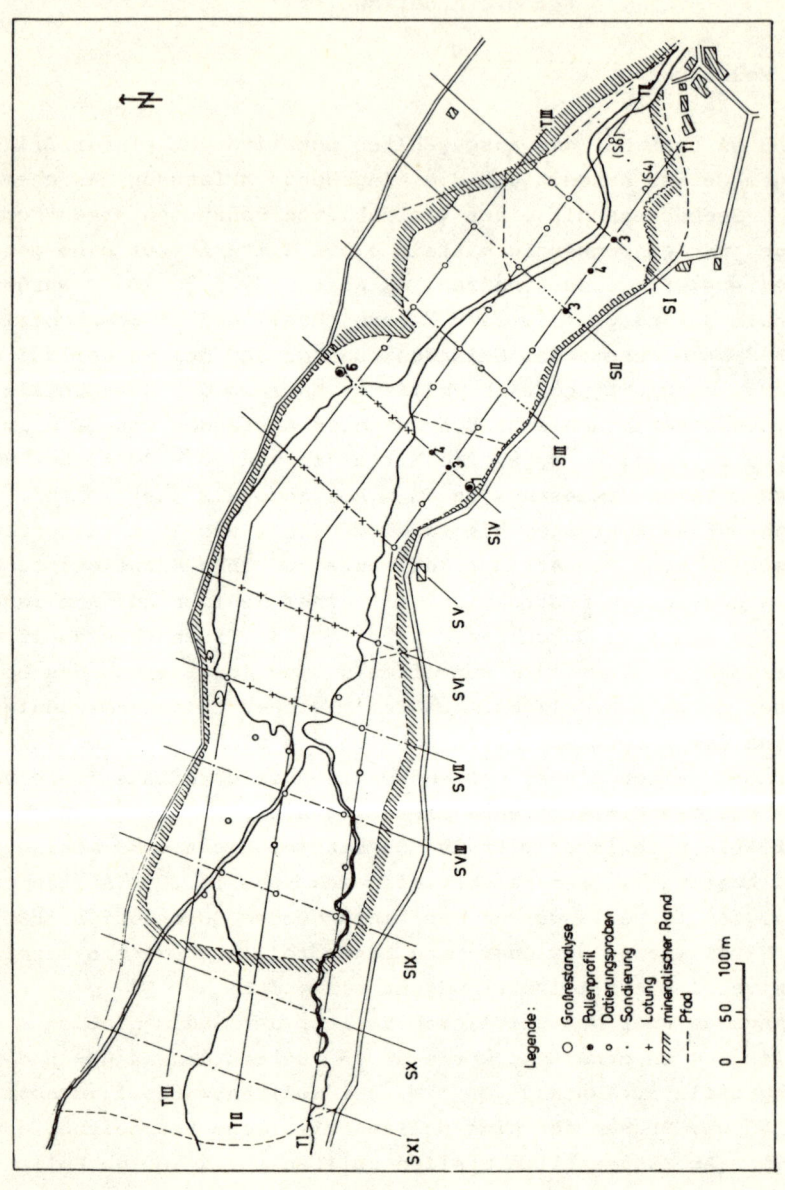

Abb. 8: Lage der Quer- und Längsprofile sowie der Bohr-
und Sondierungspunkte.

Die Profile und die Einzelproben wurden mit der Dachnowsky-Sonde erbohrt. Dabei kam das bewährte Verfahren der überlappenden Bohrkerne (LANG 1952) bei drei, im Dreieck angeordneten Bohrlöchern zur Anwendung. Bei randnahen Bohrstellen mußten die Bohrlöcher nebeneinander angeordnet werden um bei starkem Gefälle des Untergrundes eine Duplizität der Bohrkerne zu vermeiden. Obwohl der Einsatz im Vergleich zum Hiller-Bohrer nach obiger Methode bei Bohrtiefen über 10 m zeitaufwendig ist, wurde die Verwendung der Sonde als besser und genauer erachtet. Zudem war durch den Durchmesser der Bohrkammer von 3 cm eine ausreichende Erfassung der Sedimente für die Großrestanalyse gegeben, während der Hiller-Bohrer hierfür weniger geeignet war. In größeren Tiefen bei entsprechend verfestigter Mudde und bei Tonablagerungen erbrachte schließlich der Einsatz einer 30 cm langen Dachnowsky-Sonde (Eigenanfertigung) eine zeitlich günstigere Arbeitsweise.
Lediglich für locker-wässrige Ablagerungen wurde beim Versagen der Sonde ein Hiller-Bohrer verwendet.

3.2 Aufbereitung für Pollen- und Großrestanalyse:

Die Proben für die Pollenanalyse wurden nach der KOH-Azetolyse-Methode aufbereitet (OVERBECK 1958). Eine Färbung erfolgte nicht. Für mineralische Proben kam eine zusätzliche Behandlung in kalter Flußsäure zur Anwendung. Bei zwei randnahen Profilen wurde zur pollenanalytischen Auswertung eine Analyse der Makroreste vorgenommen. Bei Lagerung in 10 % HNO_3 zerfallen die Proben nach einigen Tagen ohne eventuelle Großreste zu zerstören. Vorsichtiges Ausschlämmen durch 3 Siebe mit einer Maschenweite von 0,1 mm, 0,5 mm und 2 mm führte zur Auslese der Funde. Als Aufbewahrungsmittel der Fossilreste diente ein Glycerin-Alkohol-Formol-Gemisch. Die bei den Stratigraphiebohrungen zahlreich gefundenen Pflanzenreste wurden im Gelände mit dem umlagerndem Sediment verpackt und im Labor nach obiger Metholde isoliert.

3.3 Mikroskopische Untersuchung und Auszählung

Die pollenanalytische Auswertung wurde mit einem Mikroskop
des Typs Standard (Zeiss-Winkel , Binokularaufsatz) durchgeführt
(Objektive 10/0,25, 40/0,65, 100/1,30 Oel; Okulare 12,5 x).
Die Bestimmung der Pollen erfolgte nach dem Schlüssel von
FAEGRI und IVERSEN (1975) und den im Literaturverzeichnis auf-
geführten Spezialschlüsseln. Weitere Hilfe bot die Sammlung
von rezenten Pollenpräparaten der Landessammlungen für Naturkunde in Karlsruhe sowie die große Pollensammlung einschließlich der Pollenphotos des Systematisch-geobotanischen Institutes in Bern. Für fossile Spaltöffnungen wurde der Schlüssel
von TRAUTMANN (1953) verwendet. Um markante Einzelpollen zu
erfassen, die erfahrungsgemäß bei der Durchmusterung eines
Präparates oft nicht in der Zählliste Eingang finden, erwies
sich nach abgeschlossenem Zählvorgang die Durchmusterung von
2 Präparaten des gleichen Horizontes (Flächenanalyse) als
zweckmäßig (Deckglasgröße 18 x 18 mm). Diese Funde fanden in
der Zählliste und im Diagramm eine gesonderte Darstellung (+)
und wurden in die Grundsumme nicht einbezogen. Ausgezählt wurden zwischen 400 - 500 Pollen. Lediglich bei den Datierungspro-
ben, in geringmächtigen Profilen sowie in spätglazialen Proben
mit geringem Pollengehalt lag die Zählgrenze, soweit möglich,
bei 200 Pollen. Die Analyse der Großreste wurde durch die verwendete Siebtechnik erleichtert, wodurch eine Fraktionierung
der größeren Reste von den mikroskopisch kleinen Fossilfunden
erreicht werden konnte. Als Hilfsmittel diente ein Binokular
(Leitz) (Objektivvergrößerungen 4 x, 8 x, Okulare G 8 x).
Neben der Verwendung umfassender Bestimmungsschlüssel (BERTSCH
1941, KATZ 1965, BEIJERINCK 1976) war die Hinzuziehung von
Spezialschlüsseln für bestimmte Pflanzenfamilien (*Potamogeton*-
Schlüssel AALTO 1970, *Cyperaceae*-Schlüssel BERGGREN 1969)
sowie der Vergleich mit rezentem Material unumgänglich. Der
Inhalt der Probenmenge, jeweils 5 cm einer Bohrprobe, wurde
vollständig ausgewertet und gezählt. Lediglich bei hohen Men-
gen von Fossilfunden, insbesondere bei *Characeae*-Oogonien und
Isoëtes-Makrosporen wurde der zahlenmäßige Anteil in der jeweiligen Probe geschätzt.

3.4 Darstellung im Diagramm

Als Basis für die Prozentberechnung der aufgefundenen Pollentypen diente die Summe der Baumpollen (BP) und der Nichtbaumpollen (NBP). Funde von Wasserpflanzen-Pollen und Sporen wurden auf dieser Basis berechnet, d.h. aus der Grundsumme ausgeschlossen. Im Hauptdiagramm wurden die Werte der BP und NBP gegeneinander dargestellt. Aus Gründen der besseren Übersichtlichkeit wurden Baumarten mit geringen Werten aus dieser Darstellung ausgeklammert und in den Schattendiagrammen abgebildet. Die Erklärung der Symbole der einzelnen Baumarten und der Stratigraphie erfolgt in einer Übersicht im Anhang. Die Schattenrißdiagramme sind nicht überhöht dargestellt. Deshalb erfolgte eine zusätzliche Verdeutlichung niedriger Prozentwerte durch weiße Kurven in 10-facher Vergrößerung.
Die graphische Darstellung der Makrorestfunde erfolgte durch Angabe der absoluten Zahlenverhältnisse. Der Übersichtlichkeit wegen wurde die Zahl der Funde in drei Zahlengruppen zusammengefaßt. Zum besseren Vergleich mit den pollenanalytischen Ergebnissen wurden die Großrestdiagramme jeweils durch ein vereinfachtes Pollen-Totaldiagramm ergänzt.

3.5 Photographische Aufnahmen

Die Abbildung ausgewählter Pollen wurde mit dem Mikroskop in Verbindung mit einer Aufsetzkamera und eines Einstellokulars (Zeiss) aufgenommen. Die verwendete Belichtungszeit beruht auf den Erfahrungswerten einer Streifen - Probebelichtung. Um einer Beschädigung seltener Pollentypen bei der Präparation für die photographischen Aufnahmen zu umgehen, wurde in kritischen Fällen auf eine vollständige Freilegung des Pollens von störenden Feinpartikeln verzichtet, um den Dokumentationswert der Abbildung nicht zu mindern.
Die Großreste wurden entsprechend der Größe mittels Binokular und Aufsetzkamera unter Verwendung zweier elektronischer Blitzgeräte photographiert.

4. Stratigraphische und pollenanalytische
Ergebnisse

4.1 Stratigraphische Ergebnisse

Der Verlauf des Untergrundes erweist sich als heterogen.
Drei Teilbezirke im ehemaligen Seebereich können unterschieden
werden: der Bereich vom Dorf bis zum Querprofil S II, ab S II
bis zum Seeausfluß, der heutige Seebereich bis zum Profil
S X oberhalb des Sees. Tiefen über 15 m wurden mit den Ergebnissen des Service âu Genie Rural ergänzt, das 1963 am Sewensee Sondierungen zwecks Projektierung einer Talsperre durch-
führte.
Die erste Mulde nahe dem Dorf ist im zentralen Teil ca. 15 m
mächtig. Zu den Talflanken hin ist eine Abgrenzung nicht eindeutig zu bestimmen. Ein nicht geringer Teil wird von der
Mülldeponie überschüttet. Sondierungen am derzeitigen Rand der
Deponie erreichten Tiefen bis zu 10 m. Am nördlichen mineralischen Rand verhält es sich ähnlich. Hier müssen die Schwemmfä-
cherschüttungen des Fallengesíck-Baches die flacheren Uferzonen
des nacheiszeitlichen Sewensees überlagert haben, da auch hier
umfangreiche Tiefen ermittelt wurden.
Die zweite Mulde liegt beiderseitig des Querprofils S III.
Als Trennlinie erweisen sich die hochliegende Sande und Schotter, die dem anstehenden Fels mit Mächtigkeiten von über 20 m
aufgelagert sind.
Der dritte flächen- und volumenmäßig größte Bereich beginnt
oberhalb des Gesteinsriegels auf Höhe des Seeausflusses.
Er reicht bis in Höhe des Querprofils S X. Hier fällt der
rasche und steile Anstieg der organogenen Sedimente auf, der
in Anlehnung an die Untersuchungen des Genie Rural (1963) ermittelt wurde. Eine genauere Klärung war nicht möglich, da mit
dem verwendeten Bohrgerät nur Teilsondierungen möglich waren.
Sandschichten und Holzlagen verhinderten ein Vordringen in
größere Tiefen. Sondierungen im dahinterliegenden Talgebiet
bis unterhalb des Lac d'Alfeld ergaben nur geringe Mächtigkeit
des vernäßten Wiesenbodens bis zu 60 cm. Das geologische Längsprofil verdeutlicht diese drei Bereiche und deren Abgrenzung.

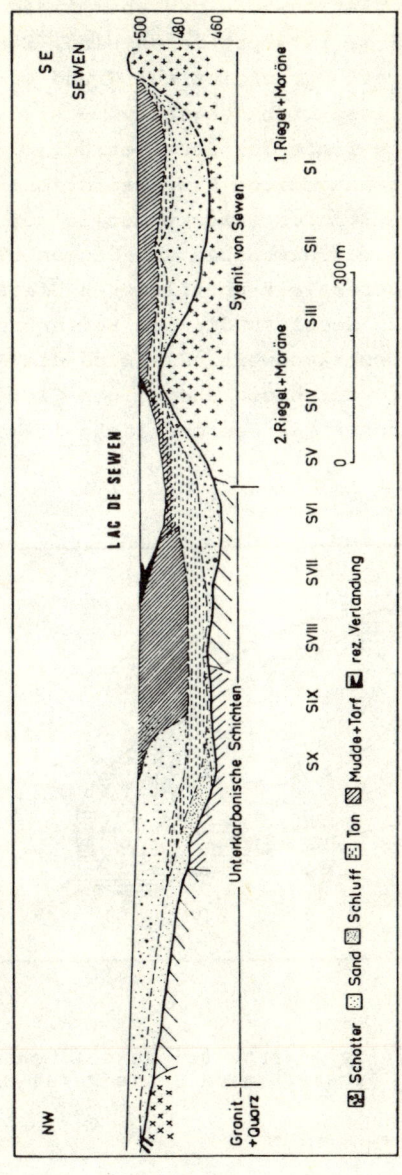

Abb. 9: Geologisches Längsprofil durch das Seebecken
(ergänzt nach SCHNEIDER 1970).

41

Es ist zu erkennen, daß die hochliegende Sande und Schotter
bei S II als Akkumulationszone der ehemaligen Moräne am
zweiten Felsriegel zu interpretieren sind. Eine Zuführung vom
ehemaligen Uferbereich erscheint auf Grund bestehenden hydro-
logischen Verhältnisse nicht gegeben.

Die größte gelotete Tiefe des Sees beträgt 12 m. Am Zu- und
Ausfluß bestehen umfangreiche Flachwasserzonen, die zum Teil
begehbar sind. Das Südufer erweckt mit seiner Festigkeit,
den herausragenden Wurzelstubben und Seggenbulten den Eindruck
einer erst in jüngerer Zeit überfluteten Uferzone. Im hinteren
Teil sind an beiden Seeufern die zum Seeinnern rasch zunehmen-
den Wassertiefen bemerkenswert. Sie sind die Auswirkungen der
starken Übertiefung durch den ehemaligen Gletscher. Die Moräne
dürfte etwa 25 m unter der Seeoberfläche liegen.

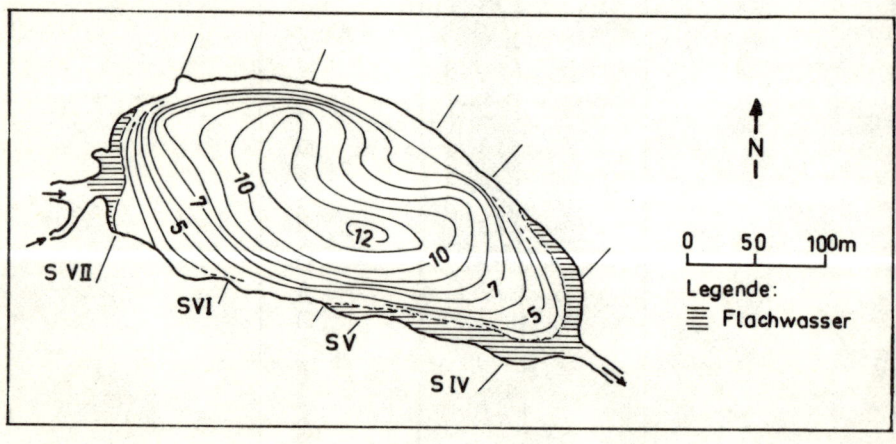

Abb. 10: Tiefenverhältnisse des Sewensees.
(ergänzt nach Genie Rural Mulhouse).

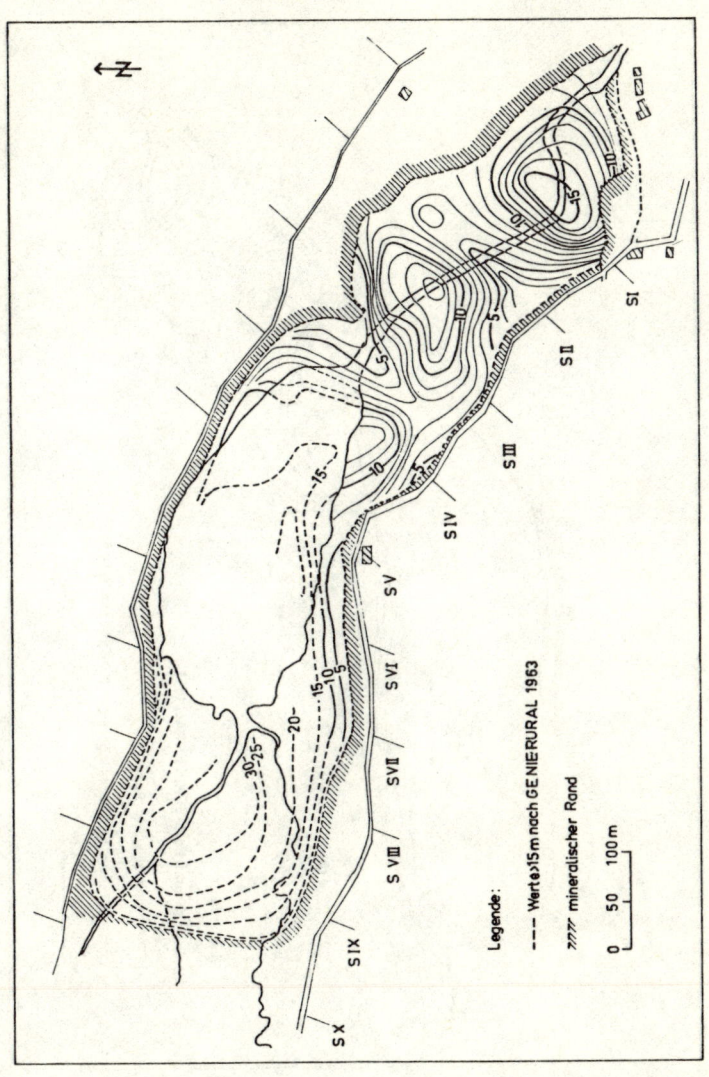

Abb. 11: Mächtigkeit der See- und Torfablagerungen im
Seebecken (= Karte des mineralischen Untergrundes).

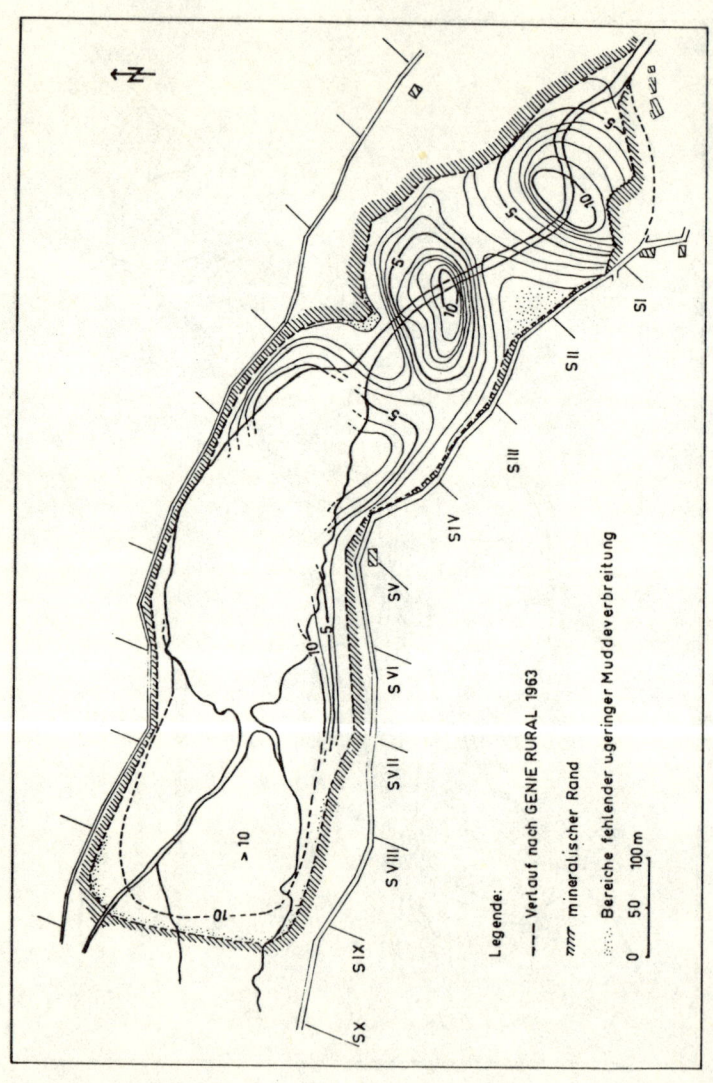

Abb. 12: Mächtigkeit der limnischen Ablagerungen.

Talaufwärts vergrößert sich die Moränenlage auf Tiefen bis zu
35 m. Ebenso wie der heterogene Verlauf der Ablagerungsmächtig-
keiten verhält sich die Oberflächengestalt des glazial überform-
ten Felsuntergrundes. Zwischen Dorf und Seeausfluß erreicht die
Sohle eine Tiefe von 460 m NN, ehe sie sich auf Höhe des zweiten
Felsriegels mit 485 m NN bis auf 15 m wieder der heutigen Oberfläche nähert. Seegebiet und hinterer Teil des Untersuchungsgebietes liegen mit dem mineralischen Grund auf 465 m NN. Erst
weit oberhalb des Sees, wo der Lauf des Seebachs sich der Tal-
mitte nähert, erreicht das Felsbett wieder die Meereshöhe von
500 m NN, wird allerdings von 10 m mächtigen Schottern überlagert, ehe es dann am Lac d'Alfeld die Oberfläche erreicht.

Die stratigraphischen Untersuchungen ergeben folgenden Schich-
tenaufbau (Benennung nach BERTSCH 1942 u. LÜTTIG et al.1971):
1. Ton-Tonmudde: Die untersten Lagen dieser Schicht werden von
gebänderten Tonen gebildet. Feinsand und trocken-fester Ton
wechseln sich ab. Sie bilden an einigen Bohrstellen einen un-
überwindbaren Bohrwiderstand, so daß der direkte Anschluß an
die Grundmoräne fehlt. Überlagert werden sie von hellgrauem,
bläulichem Weichton, der in fließendem Übergang zu geringmäch-
tiger Tonmudde steht. Obwohl besonders bei zentral gelegenen
Bohrstellen nicht immer mineralischer Bohrwiderstand erreicht
wurde, ist aus den vorhandenen Profilen eine Zunahme an Mächtigkeit gegen das Innere festzustellen.

2. Feindetritusmudde: Der Hauptteil des ehemaligen Sees, zwischen Querprofil S V und S VII, wird von Muddeablagerungen
ausgefüllt. Den Anschluß an die Tonmudde bildet eine grau-
olivgrüne Feindetritusmudde. Sie wird nach unterschiedlicher
Mächtigkeit von brauner Feindetritusmudde abgelöst.

3. Grobdetritusmudde und Bruchtorf: Rot-braune, wenig verfestig-
te Grobdetritusmudde mit zahlreichen makroskopischen Pflanzenresten schließt sich an die Feindetritusmudde an. Oft ist der
Wechsel zu Bruchtorf nicht exakt festzulegen, besonders wenn
er sich ohne Zwischenschaltung von Schilftorf vollzieht. Die
Anhäufung von Holzresten und *Alnus*früchten erlaubt letztlich
die Ansprache als Bruchtorf.

4. Seggentorf: Über den Bruchtorfschichten, im zentralen Teil
des ehemaligen Sees direkt auf der Grobdetritusmudde, findet
sich ein Seggentorf als oberste Schicht. Er enthält wenig
*Sphagnum*reste und Schilfblätter. Menschliche Tätigkeit hat die
obersten Torfbildungen an einigen Stellen beeinflußt. So kommt
es am Nordufer öfters zu Durchsetzung mit Steinen und Schottern, ebenso sind Verkohlungs- und Brandhorizonte von 2 - 4
cm Dicke im oberen Bereich des Seggentorfs nachzuweisen.
Eine Sonderstellung nehmen die erbohrten Ablagerungen von S VII
und S IX ein. Der häufige Wechsel zwischen lehmigen Seggentor-
fen, Bruchtorf und Grobedetritusmudde zusammen mit 10 - 20 cm
mächtigen Blattablagerungen und starken Grobsandschichten lassen keine eindeutige Abfolge der Schichten wie im dorfnahen
Teil erkennen. Es entsteht der Eindruck von ortsfremdem, eingeschwemmten Material, das von rückwärtigen Talbereichen durch
den Bach und die jahrzeitlichen Überschwemmungen in den See
eingebracht wurde.

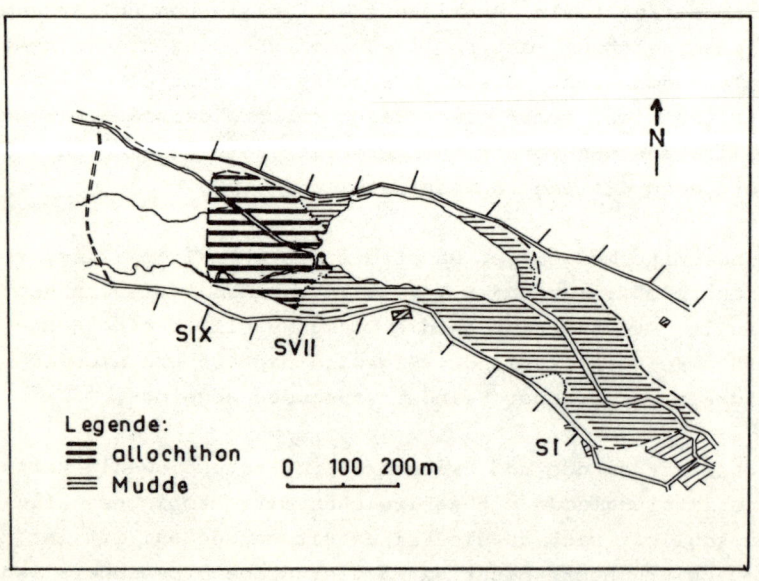

Abb. 13: Verbreitung von Mudde und allochthoner organi-
scher Sedimente bis 15 m Tiefe.

4.2 Die pollenanalytischen Ergebnisse

D i a g r a m m   SI - 3

Stratigraphie (cm):

0 - 152	Cyperaceentorf, stark zersetzt, im oberen Bereich mit vereinzelten Steinchen von 2 mm Durchmesser.
152 - 165	heller Schilftorf mit Blattresten von *Phragmites*.
165 - 390	rot-brauner Erlenbruchtorf mit zahlreichen Holzresten, vereinzelte Blattlagen von *Phragmites*, locker-wässriger Torf bei 310 - 325.
390 - 442	Grobdetritusmudde, mit eingelagerten Blattresten.
442 - 500	braune Feindetritusmudde ohne scharfe Grenzziehung übergehend in:
500 - 1455	oliv-braune Feindetritusmudde, bei 500-504 Holzschicht, 507 und 545 *Trapa*-Nuß, ab 550 - 1035 *Myriophyllum alterniflorum* Blättchen, zwischen 695 - 825 vereinzelte Moosstengel von *Calliergon stramineum*, bei 845 Rest einer *Pinus*-Nadel, bei 865 *Corylus*-Nuß, ein nicht näher bestimmbarer *Tilia*-Fruchtrest bei 1215, 2 *Betula sp.* Früchtchen bei 1375, zwischen 1400 - 1405 schwache Zwischenzone mit erhöhten mineralischen Beimengungen (nur von mikroskopischem Präparat belegt, in der Feldansprache nicht auffällig zu beobachten), zwischen 1435 - 1465 einzelne *Betula sp.*-Früchtchen, bei 1435 Einlagerung des Laacher Bimstuffs (im mikroskopischen Präparat erkennbar).
1455 - 1480	Tonmudde mit gleitendem Übergang nach unten.
1480 - 1510	hellgrauer-blauer Weichton.
1510	Abbruch der Bohrung ohne Erreichung eines Bohrwiderstandes.

Diagrammgliederung und Vegetationsentwicklung

PZ 1: Waldlose *Artemisia* - Steppen - Tundrenzeit (1505-1485 cm).
Nach dem Rückzug des Dollergletschers setzt in den freige-
wordenen Becken die Sedimentation ein. Anorganisches Tonmate-
rial wird eingeschwemmt und vermittelt den Hinweis auf eine
offene, nicht geschlossene Pflanzendecke. Darauf deuten Pollenfunde von *Artemisia*, *Chenopodiaceae* und *Caryophyllaceae*. Gräser,
vor allem *Gramineae*, bekunden den Pioniercharakter der Vegetation nach dem Eisrückzug. Heliophile Elemente wie *Helianthemum*
ergänzen das lichtoffene Vegetationsbild. Zu den auffälligen
Funden gehören *Ephedra distachya*-Typ und *Pleurospermum*-Typ.
Die hohen NBP-Werte drücken die Waldlosigkeit aus, geringe
Pollenfunde von *Pinus*, *Salix* und *Betula* müssen als Fernflug
gedeutet werden.
Im See tauchen schon schwache Spuren einer Wasservegetation
auf. *Potamogeton* und *Myriophyllum alterniflorum* sind vorhanden.
Da jedoch die Bohrung nicht das Anstehende im Liegenden er-
reichte, müssen diese Funde und das obige Vegetationsbild als
jüngere Teile der waldlosen Zeit interpretiert werden.
Der geringe Umfang der erfaßten minerogenen Sedimente deutet
dies ebenfalls an. Abgrenzung zu PZ 2: Rückgang der hohen
NBP-Werte und Anstieg von *Juniperus*.

PZ 2: Wacholder - Sanddornzeit (1485 - 1465 cm).
Der Wechsel des Sediments deutet die Änderung des Vegeta-
tionsbildes an. An die Stelle der allmählich geringer werdenden
Toneinschwemmung tritt jetzt zunehmend organogene Mudde. Der
Rückgang der krautigen Pflanzen und die Ausbreitung von *Juniperus* und *Hippophaë* zusammen mit *Salix* lassen auf die Ansiedlung von Strauchgesellschaften schließen. Die hochglaziale
Gräser- und Kräuterflora verliert an Bedeutung. *Helianthemum*
und *Chenopodiaceae* treten zurück. Andere Arten wie *Epilobium*,
Valeriana, *Umbelliferae* und *Thalictrum* vermitteln den Eindruck
einer Hochstaudenvegetation des subalpinen-alpinen Höhenstufen-
bereiches. Ihr Auftreten steht im Zusammenhang mit der spätglazialen Wiederbewaldung und dem Vorrücken der Waldgrenze.
Abgrenzung zu PZ 3: Abstieg von *Juniperus* und Anstieg von
Betula.

PZ 3: Birkenzeit (1465 - 1450 cm).

Ein weiterer Rückgang der NBP und eine rasche Ausbreitung von *Betula* beenden die Waldlosigkeit. *Betula* wird durch den Nachweis von Früchten und Fruchtschuppen bestätigt. *Pinus* zeigt eine Zunahme in ihrer Ausbreitung. Im See breitet sich mit dem Auftreten von *Isoëtes setaceum* das Pflanzenleben weiter aus. Abgrenzung zu PZ 4: Anstieg von *Pinus* und Rückgang von *Betula*.

PZ 4: Kiefern-Birkenzeit (1450 - 1410 cm).

Das Waldbild wird durch die Ausbreitung von *Pinus* stark verändert. *Betula* wird zurückgedrängt. Beide Gehölze sind zusätzlich durch Großreste und Spaltöffnungen belegt. Der Hochstaudenaspekt der Krautflora wird durch das Auftreten von *Centaurea scabiosa*, *Polygonum bistorta*, *Sanguisorba minor* und *Sanguisorba officinalis* erweitert. Mit *Filipendula* tritt eine weitere *Rosaceae* in geschlossener Kurve und deutlichen Werten auf. Durch den Nachweis des Laacher Bimstuffs bei 1435 cm in diesem Vegetationsabschnitt ist ein absoluter Altershorizont gegeben. In diesem Abschnitt treten Pollenfunde von EMW-Vertretern auf. Eine diesbezügliche Diskussion soll erst bei der Betrachtung aller Diagramme stattfinden, es sei nur angemerkt, daß der Verdacht einer unsauberen Probenentnahme in dieser Tiefe naheliegt. Abgrenzung zu PZ 5: Rückgang der Waldbäume und Wiederausbreitung der NBP.

PZ 5: Rückgang und Auflichtung der Kiefern-Birkenwälder
                              (1410 - 1380 cm).

Mit einem deutlichen Vorstoß der NBP erfolgt ein Rückgang der Bewaldung. *Pinus* ist durch den geringeren pollenanalytischen Nachweis und fehlende Spaltöffnungen eingeschränkt. *Juniperus* und *Hippophaë* breiten sich wieder aus. *Ephedra distachya*-und *Ephedra fragilis*-Typ sind erneut nachgewiesen. Auch die erhöhten Werte von *Chenopodiaceae*, *Rumex*, *Compositae* und *Helianthemum* sprechen für eine Wiederausbreitung einer offenen und gelichteten Pflanzendecke. Innerhalb der Sporenfunde gliedert sich *Botrychium lunaria* in dieses Vegetationsbild ein. Abgrenzung zu PZ 6: Rückgang der NBP-Werte, Wiederanstieg der *Pinus*-Kurve.

PZ 6: Kiefern - Birkenzeit (1380 - 1350 cm).

Noch einmal breiten sich *Pinus*wälder aus. Nach dem Rückgang
der NBP kann *Pinus* mit schwächer werdender *Betula* und einzelnen
Funden von *Corylus* und EMW über die vorherigen Rasengesellschaften dominieren. Nur noch wenige Funde der ehemaligen Hochstaudenflora können die frühere tiefe Lage der Waldgrenze an-
deuten. Stärkere Anteile von *Polypodiaceae, Dryopteris filix-*
mas-Typ, *Polypodium*-Typ und Vertreter der Gattung *Athyrium* bereichern die Krautflora. Abgrenzung zu PZ 7: Beginn der Ausbreitung von *Corylus*.

PZ 7: Hasel - EMW - Zeit (1350 - 1080 cm).

Durch die rasche Ausbreitung von *Corylus* und wärmeliebenden EMW-Arten wandelt sich das Waldgefüge um den Sewensee.
Betula und *Pinus* treten nur noch untergeordnet in Erscheinung.
Dominierend wird *Corylus*, subdominant EMW. Da die NBP-Werte
sehr gering sind, muß die Bewaldung relativ dicht gewesen sein.
Mehrere Straucharten wie *Sambucus, Ligustrum, Vitis* und *Cornus*
sanguinea-Typ tauchen mit dem Erscheinen der Hauptholzarten
des EMW auf. Bemerkenswert ist ein Einzelfund von *Buxus*. *Viscum*
und *Hedera* folgen gleichzeitig mit den ersten Laubhölzern.
Im damaligen Sewensee verändert sich die Zusammensetzung der
Wasserflora. *Isoëtes setaceum* verschwindet, zu *Myriophyllum*
alterniflorum gesellen sich *Myriophyllum spicatum* und *Nuphar*.
Einzelne Pollenfunde von *Fagus* und *Abies* können wegen ihres
sporadischen Auftretens als Fernflug betrachtet werden.
Abgrenzung zu PZ 8: Schnitt der EMW-Kurve mit der *Corylus*
Kurve.

PZ 8: EMW - Zeit (1080 - 690 cm).

In dieser Pollenzone kommen die Laubgehölze des EMW zu
ihrer stärksten Verbreitung. Während *Quercus* den Hauptanteil
des Artenspektrums bildet, sind *Tilia, Ulmus* und *Fraxinus* subdominant vertreten. Auch *Acer* kommt mit geringen, im Kurvenverlauf geschlossenen Anteilen vor. Andere Gehölze wie *Abies*
und *Fagus* haben ihre empirische Pollengrenze überschritten.
In kleineren geschlossenen Kurven läßt sich *Picea* nachweisen.
Das Auftauchen von *Alnus* in geringen Werten soll hier erwähnt
werden. Eine genaue Beschreibung soll bei der Diskussion der

Seegeschichte erfolgen. Schwache Erhöhung der NBP-Werte und erstes Auftreten von *Labitae, Campanula, Succisa* und *Lythrum* muß im Zusammenhang mit der beginnenden Seeverlandung gesehen werden. Andere Zeiger, wie *Typha latifolia, Typha angustifolia/ Sparganium* und *Menyanthes* verdeutlichen die Ausbildung von Uferzonen und die Ansiedlung neuer Florenelemente. Im See findet sich *Trapa natans*, ein weiterer Zeiger für die damalige Klimagunst des Dollertals. Innerhalb der Sporenfunde sind der Nachweis von *Thelypteris* und *Equisetum* bemerkenswert. Abgrenzung zu PZ 9: Ausbreitung der Buchenwälder und Rückgang des EMW.

PZ 9: Buchenzeit (690 - 360 cm).

Die vordrängende Buche wird über den EMW dominant und erreicht ihr Verbreitungsoptimum. Sämtliche anderen Gehölzarten werden von untergeordneter Bedeutung, ausgenommen *Alnus*, dessen Ausbreitung als lokale Entwicklung zu deuten ist. *Buxus* und *Vitis* sind als Einzelfunde nachgewiesen. Die Wasservegetation erfährt in diesem Diagrammabschnitt ihre größte Entwicklung. Es dominieren weiterhin *Myriophyllum*-Arten, zusammen mit Schwimmblattpflanzen wie *Potamogeton, Nymphaea* und *Nuphar*. *Trapa natans* ist zusätzlich durch Großreste (Nüsse) nachgewiesen. Stratigraphisch vollzieht sich der Übergang von Mudde zu Bruchtorf. Somit muß das Bestehen einer offenen Wasserfläche an der Bohrstelle beendet sein. Abgrenzung zu PZ 10: Beginn der *Abies*-Ausbreitung und Rückgang der *Fagus* Dominanz.

PZ 10: Tannen - Buchenzeit und Siedlungszeit (360 - 0 cm).

Zwar wird diese Pollenzone durch die Überrepräsentation lokaler Pollenproduzenten wie NBP und *Alnus* in seiner Aussagekraft für das übergeordnete Vegetationsgefüge geschmälert, jedoch erlauben markante Punkte im Diagrammverlauf eine Zuordnung. Die bisherige *Fagus*-Dominanz wird durch die Ausbreitung von *Abies* abgebaut. Ihr ungleichmäßiger Kurvenverlauf ist der Überlagerung durch *Alnus*-Pollen, eventueller Zersetzung und selektiver Erhaltungsfähigkeit im Cyperaceentorf zuzuschreiben. Ein jüngerer *Fagus*-Vorstoß findet sich zwischen 130 - 160 cm. Hohe NBP deuten die fortschreitende Seeverlandung und die menschliche Einflußnahme im Untersuchungsgebiet an. Weitere Zeiger der beginnenden Rodungstätigkeit bilden Pollen vom

Getreide-Typ, *Plantago lanceolata* und Baumpollen wie *Juglans* und *Castanea*. Ebenso treten wieder Pflanzen offener Standorte wie *Rumex*, *Artemisia* und liguliflore Compositen auf.

D i a g r a m m TI - 4
Stratigraphie (cm):

0 - 17	braun-lehmiger Wurzelhorizont
17 - 28	Cyperaceentorf, stark zersetzt.
28 - 53	Cyperaceentorf, schwächer zersetzt, bei 50 cm 1 *Menyanthes*-Samen.
53 - 170	Cyperaceentorf, stärker zersetzt mit kleineren Holzresten.
170 - 230	rotbrauner Bruchtorf, 215 - 225 cm Holzstück.
230 - 335	lockere-wässrige Grobedetritusmudde mit kleinen Holz- und Rindenresten, bei 235 *Trapa*-Nuß, *Fagus*-Cupula bei 305, 320: Reste einer *Trapa*-Nuß.
335 - 572	oliv-grüne Feindetritusmudde, bei 565 *Fontinalis*-Stengel, Laacher Bimsstuff als schwaches dunkelgraues Bändchen von 2 mm Stärke bei 443.
572 - 665	hellgrauer-bläulicher Weichton
665 - 710	Ton mit Feinsand zersetzt
710 - 720	trocken-fester Ton mit eingelagerten Sandschichten
720	Bohrwiderstand Stein.

Diagrammgliederung und Vegetationsentwicklung

PZ 1: Waldlose *Artemisia* - Steppen - Tundrenzeit (635-580 cm).
    Dieser Diagrammabschnitt ist durch hohe Anteile an Gräsern und Kräutern gekennzeichnet. *Artemisia*, *Chenopodiaceae*, *Rosaceae* sowie *Umbelliferae* charakterisieren die waldlose Zeit. *Helianthemum*, *Gypsophila* und *Rubiaceae* ergänzen das Bild der vorherrschenden, offenen Vegetation. Vereinzelt dürfte sich *Juniperus* und *Hippophaë* angesiedelt haben, unter den übrigen Gehölzpollen könnten Zwergstraucharten von *Betula* und *Salix* die Pollenproduzenten gewesen sein.

Die *Pinus*-Pollen müssen als Fernflug bedeutet werden. Ferner
sind *Ephedra*-Funde von Bedeutung (*E.distachya*- und *E.fragilis*-
Typ).
Der See selbst ist anfänglich noch nicht von höheren Wasser-
pflanzen besiedelt. Erst später stellen sich *Potamogeton*,
Myriophyllum alterniflorum und *Batrachium* ein. Abgrenzung zu
PZ 2: Beginn der *Juniperus*- und Birken-Ausbreitung.

PZ 2: Wacholder - Sanddorn - Birkenzeit (580 - 555 cm).
    Juniperus und *Hippophaë* breiten sich verstärkt aus.*Betula*
folgt mit geringer Verspätung. Diese Phase der Wiederbewaldung
bewirkt einen Wechsel von Ton- zu Muddeablagerung. Die Kräuterflora wird durch Hochstauden wie *Polygonum bistorta*, *Centaurea
scabiosa* und *Sanguisorba officinalis* bereichert.
Myriophyllum alterniflorum gelangt im See zu einer ersten
stärkeren Verbreitung. Abgrenzung zu PZ 3: Rückgang der Bir-
ken- und Wacholder-Ausbreitung, Zunahme der NBP-Werte.

PZ 3: Rückgang der Wiederbewaldung (555 - 525 cm).
    Erhöhte NBP- und *Artemisia*-Werte unterbrechen die Ausbrei-
tung von *Betula*. *Juniperus* bleibt nach deutlichem Gipfel mit
schwächerem Vorkommen konstant, eine Spaltöffnung weist auf
das nahe Vorkommen in der Umgebung des Sees hin. Innerhalb
der Hochstaudenflora kommen *Valeriana*, *Epilobium* und
Sanguisorba minor hinzu, womit ein Hinweis auf die Nähe der
Waldgrenze gegeben wird. Erstes Auftreten von *Polypodiaceae*
bereichern die vorherrschende Vegetation. Abgrenzung zu PZ 4:
Rückgang der NBP-Werte und Ausbreitung von *Betula* und *Pinus*.

PZ 4: Birken - Kiefernzeit (525 - 465 cm).
    Die Wiederbewaldung wird durch *Betula* fortgesetzt, *Pinus*
ist noch subdominant vertreten. Das Artenspektrum der NBP ist
nur gering verändert, heliophile Elemente wie *Helianthemum* und
Ephedra verschwinden. In geringen Werten kommt schon *Filipendula* vor. *Isoëtes setaceum* bildet mit *Myriophyllum alterniflorum*
und *Batrachium* die Wasservegetation. Abgrenzung zu PZ 5:
Beginnende Dominanz von *Pinus*.

PZ 5: Kiefern - Birkenzeit (465 - 425 cm).

Nach deutlichem Anstieg gelangt *Pinus* zur Dominanz, während *Betula* in ihrer Ausbreitung zurückweicht. *Juniperus* ist untergeordnet vertreten. Bei den Kräutern geht mit der *Pinus*-Ausbreitung wiederum ein deutlicher Anstieg der *Filipendula*-Werte überein. Abgrenzung zu PZ 6: Erhöhte NBP-Werte und Rückgang der Bewaldung.

PZ 6: Rückgang und Auflichtung der Kiefern-Birkenwälder
(425 - 380 cm).

Erhöhte NBP-Werte durch verstärktes Vorkommen von *Artemisia, Gramineae, Umbelliferae* und tubulifloren Compositen verdeutlichen den Rückgang der Bewaldung in diesem Abschnitt. *Juniperus* und *Hippophaë* breiten sich wieder aus. *Helianthemum, Ephedra distachya-Typ* breiten sich erneut aus. Auch die Seevegetation geht in ihrer Verbreitung merklich zurück. *Isoëtes setaceum* ist nach deutlicher Ausbreitung nur schwach vertreten, *Myriophyllum alterniflorum*-Funde fehlen. Abgrenzung zu PZ 7: Anstieg der *Pinus*-Kurve.

PZ 7: Kiefern - Birkenzeit (380 - 330 cm).

Nach dieser Auflichtung breiten sich *Pinus* und *Betula* wieder rasch aus. Spaltöffnungen von *Pinus* sind nachgewiesen. Der geringe Anteil der NBP läßt auf relativ große Bewaldungsdichte schließen, das Fehlen von Hochstauden läßt an eine Verschiebung der Waldgrenze nach oben denken. *Isoëtes setaceum* gelangt im Sewensee erneut zu deutlicher Verbreitung. Abgrenzung zu PZ 8: Auftauchen von *Corylus,* EMW und *Fagus.*

PZ 8: Hasel - EMW - Zeit (330 - 317 cm).

Zwischen 340 und 320 liegt ein Hiatus vor. Der plötzliche Sedimentwechsel spiegelt sich auch im sprunghaften Ansteigen von *Corylus* und EMW sowie dem Auftauchen von *Abies* und *Fagus.* Die durch engen Probenabstand gewonnenen Werte lassen eine Hasel-EMW-Zeit erkennen, in der schon eine geschlossene *Fagus*-Verbreitung vorkommt. Auch die Wasserflora zeigt eine deutliche Veränderung. *Trapa* ist sowohl pollenanalytisch als auch durch Großreste belegt, zu *Myriophyllum alterniflorum* gesellt sich *Myriophyllum spicatum* und *Nuphar,*während *Isoëtes setaceum*

nur noch als Einzelfund nachzuweisen ist. Abgrenzung zu PZ 9:
Stärkere Verbreitung von *Fagus*.

PZ 9: EMW - Buchenzeit (317 - 305 cm).

Inwieweit es sich bei dem raschen Rückgang von *Corylus* um
eine weitere Störung der Ablagerungen handelt, bleibt offen.
Ebenso kann die Ausbreitung von *Fagus* diesbezüglich interpretiert werden. Die jüngeren Ablagerungen werden nur noch durch
Einzelproben in größeren Abständen erfaßt.
Diese Ergebnisse sind im Längsprofil TI vermerkt und werden
im Zusammenhang mit der Seeverlandung diskutiert.

D i a g r a m m   SIV - 3
Stragigraphie (cm):

0 - 110	Cyperaceentorf
110 - 280	Bruchtorf
280 - 395	Grobdetritusmudde
	300 - 330 mit Holzresten
395 - 780	Feindetritusmudde
	bei 570 *Betula*-Früchtchen
780 - 810	Tonmudde mit kleinen Steinchen
	bei 790 *Betula*-Früchtchen
810 - 930	hellgrauer-bläulicher Weichton
930 - 970	grauer trockener Ton mit Feinsandlagen
970	Bohrwiderstand Stein.

Diagrammgliederung und Vegetationsentwicklung

PZ 1: Waldlose *Artemisia* - Steppen - Tundrenzeit (860-825 cm).

Hohe NBP-Werte bestimmen auch hier die älteren Ablagerungen.
Waldlosigkeit und offene Vegetation herrschen vor. Eine Was-
servegetation fehlt noch. Abgrenzung zu PZ 2: Anstieg der
Juniperus- und *Salix*-Werte.

PZ 2: Wacholder - Weiden - Sanddornzeit (825 - 800 cm).

Eine Wiederbewaldung beginnt mit der Ausbreitung von *Juniperus* und Weide. Ihnen folgt *Salix* nach. Zu einem Stillstand
der *Salix*-Kurve kommt es bei 790 und 800, dem gleichzeitig er-

höhte *Artemisia*-Werte entsprechen. Im See beginnen sich *Myriophyllum alterniflorum* und *Batrachium* anzusiedeln. Abgrenzung zu PZ 3: Beginn der Kiefern-Verbreitung.

PZ 3: Birken - Kiefernzeit (800 - 745 cm).

Mit der verstärkten Ausbreitung von *Betula* und *Pinus* treten *Juniperus* und *Salix* zurück. Die NBP-Werte verringern sich, eine Wiederbewaldung ist erfolgt. Zur Seevegetation gesellt sich *Isoëtes setaceum*. Abgrenzung zu PZ 4: Überschneidung der *Betula*-Kurve durch *Pinus*.

PZ 4: Kiefern - Birkenzeit (745 - 715 cm).

Durch Spaltöffnungen wird die Anwesenheit und Dominanz von *Pinus* belegt. *Betula* geht weiter zurück. *Hippophaë* fehlt, *Juniperus* ist nur noch schwach vertreten. Abgrenzung zu PZ 5: Rückgang der *Pinus*-Werte und erneute Ausbreitung von NBP.

PZ 5: Rückgang und Auflichtung der Kiefern - Birkenwälder
(715 - 675 cm).

Ein neuer Vorstoß von Kräutern und Gräsern drängt die Kiefern - Birkenwälder zurück. Erhöhte *Artemisia*-Werte, stärkere Verbreitung von *Rumex*, tubulifloren Compositen und *Rubiaceae* sprechen für eine Auflichtung und weniger dichten Baumschluß. *Juniperus* und *Hippophaë* zeigen Anstieg in ihrer Verbreitung. Die Wasservegetation erfährt einen Rückgang ihrer Verbreitung und Artenspektrum. Abgrenzung zu PZ 6: Rückgang der NBP-Werte und erneute Ausbreitung von Kiefern-Birkenwäldern.

PZ 6: Kiefern - Birkenzeit (675 - 630 cm).

Nach deutlichem Rückgang der NBP breitet sich *Pinus* erneut aus. Es kommt zu einem sekundären *Betula*-Gipfel. Die ersten wärmeliebenden Gehölze erscheinen. Abgrenzung zu PZ 7: Anstieg der *Corylus*-Kurve.

PZ 7: Hasel - EMW - Zeit (630 - 395 cm).

Corylus wird dominant. *Betula* fällt zu geringen Werten ab. Verzögert folgt *Pinus*, ist aber durch Spaltöffnungen noch zusätzlich belegt. EMW-Arten treten auf und nehmen stetig zu.

Hedera und *Viscum* erscheinen erstmals. Die NBP-Werte sind gering. Im See verschwindet *Isoëtes setaceum*.
Myriophyllum alterniflorum und *M. spicatum* breiten sich aus.
Potamogeton ist häufiger vorhanden. *Nymphaea* und *Nuphar* sind
nachgewiesen. Abgrenzung zu PZ 8: Überschneidung der *Corylus*-
und EMW-Kurve.

PZ 8: EMW - Haselzeit (395 - 335 cm).
    EMW wird dominant über *Corylus*. *Alnus* ist häufiger vorhanden.
Abies und *Fagus* beginnen sich auszubreiten. Abgrenzung zu
PZ 9: Ausbreitung von *Fagus*.

PZ 9: Buchenzeit (335 - 210 cm).
    Sprunghaft steigt die Ausbreitung von *Fagus* an. EMW und
Corylus sind subdominant vertreten. *Abies* folgt verzögert
Fagus. Die erhöhten NBP-Werte und Überlagerung der *Fagus*-
Kurve durch *Alnus* deuten auf eine Veränderung der damaligen
Ufervegetation hin. Abgrenzung zu PZ 10: Anstieg der *Abies*-
Kurve und Rückgang der *Fagus*-Kurve.

PZ 10: Tannen - Buchenzeit und Siedlungszeit (210 - 0 cm).
    Während im unteren Teil der Pollenzone *Abies* und *Fagus*
gleichwertig vertreten sind, scheint ab 100 *Abies* zu dominieren. Dieser Übergang entspricht dem stratigraphischen Wechsel
von Bruchtorf zu Cyperaceentorf, so daß der Diagrammverlauf möglicherweise durch bestimmte Ausleseverfahren beeinflußt sein
kann. Innerhalb dieses Abschnittes treten Siedlungszeiger wie
Plantago lanceolata und Pollen von Getreide-Typ auf.
Schwacher Nachweis einer Seevegetation und erhöhte Cyperaceen-
Werte sind Abbild der endgültigen Verlandung des Sees an dieser
Bohrstelle.

D i a g r a m m   SIV - 1

Stratigraphie (cm):

0 - 80	Cyperaceentorf, dunkelbraun, im oberen Teil stark lehmig und mit kleinen Steinchen.
80 - 240	rötlicher Bruchtorf, z.T. wässrig-locker, bei 120 Cyperaceenrest, 150 - 160 Holzstück,

	220 - 230 stark zersetzte Blattreste, bei 240 *Rhamnus frangula*-Frucht.
240 - 395	rotbraune Grobdetritusmudde, bei 260 2 *Carex*-Innenfrüchtchen.
395 - 518	olivgrüne Feindetritusmudde, *Betula*-Früchtchen bei 510.
518 - 560	hellgrauer Ton, ab 554 mit Feinsand vermischt.
560	Bohrwiderstand Stein.

Diagrammgliederung und Vegetationsentwicklung

Zusätzlich zu der pollenanalytischen Bearbeitung der Profile
SIV - 1 und SIV - 6 wurden Großrestanalysen durchgeführt.
Da die Profile in relativer Nähe zum Süd- und Nordufer liegen,
kann mit einer größeren Häufigkeit von eingeschwemmten und
eingewehten Früchten, Samen und anderen Pflanzenresten gerechnet werden als bei Bohrstellen im zentralen Teil des Sees.
Die Großrestanalyse ermöglicht dadurch in Verbindung mit
pollenanalytischen Untersuchungen eine Erweiterung des Florenkatalogs der fossilen Pflanzenreste, da eine genauere Bestimmung bis hin zur Art möglich ist.

PZ 1: Waldlose *Artemisia* - Steppen - Tundrenzeit (560-540 cm).
    Das übliche Bild der Waldlosigkeit wird durch fehlende
Großreste ergänzt. Dadurch bestätigen sich die Gehölzpollenfunde als überwiegend ortsfremd und durch Fernflug angeweht,
ausgenommen eventuelle Zwergstraucharten wie *Betula nana* oder
Salix-Arten. Im See haben sich noch keine höheren Wasserpflanzen angesiedelt. Abgrenzung zu PZ 2: Beginn der *Juniperus*-Verbreitung.

PZ 2: Wacholder - Birkenzeit (540 - 515 cm).
    Dem Rückgang der NBP-Werte folgt eine rasche Ausbreitung
von *Juniperus*. Diese Wiederbewaldungsphase wird durch *Betula
pendula* und *Betula pubescens* unterstützt. Zahlreiche Fruchtschuppen und geflügelte Samen bekunden die Nähe der Gehölze.
Samen von *Betula nana* als Zwergstrauch deutet sowohl auf das
vorangegangene waldfreie Stadium als auch auf die Nähe der
nach oben verschobenen Baumgrenze hin.

58

Im See siedeln sich *Myriophyllum alterniflorum* und *Potamogeton* an. Letztere können als *Potamogeton pusillus* und *Potamogeton cf. gramineus* näher bestimmt werden. Rasen mit Armleuchteralgen bedecken den Seeboden. *Isoëtes setaceum* ist vor dem sporenanalytischen Nachweis durch zahlreiche Makrosporen belegt. Abgrenzung zu PZ 3: Anstieg der Birken-Kurve.

PZ 3: Birken - Kiefernzeit (515 - 485 cm).
Die Ausbreitung der Baumbirken setzt sich fort. *Betula nana* verschwindet in der Nähe des Sees. Die Wasserflora bleibt unverändert. *Isoëtes setaceum* ist in diesem Abschnitt durch Mikrosporen belegt. Abgrenzung zu PZ 4: Ausbreitung von *Pinus* und Rückgang von *Betula*.

PZ 4: Kiefern - Birkenzeit (485 - 470 cm).
Das Vegetationsbild wird durch die Dominanz von *Pinus* verändert. Auffällig ist die geringe Mächtigkeit dieser Pollenzone. Abgrenzung zu PZ 5: Rückgang der *Pinus*-Kurve. Ausbreitung und sekundärer Gipfel von *Betula*, erhöhte NBP-Werte.

PZ 5: Rückgang und Auflichtung der Kiefern - Birkenwälder
                                        (470 - 415 cm).
Der Rückgang der Bewaldungsgeschichte wird im Pollendiagramm durch erhöhte Werte von *Rumex*, tubulifloren Compositen, *Umbelliferae* und *Rubiaceae* sichtbar. Großrestfunde von *Carex*-Innenfrüchtchen, eine nicht näher bestimmbare *Ranunculus*-Frucht sowie eine Frucht von *Filipendula ulmaria* erweitern das Artenspektrum der NBP. Die Baumbirken müssen trotz der Auflösung des dichten Waldwuchses weiterhin in unmittelbarer Nähe des Sees gestanden haben. Zu den geringen *Betula*-Pollenwerten lassen sich Früchtchen und Fruchtschuppen von *Betula pubescens* und *Betula pendula* nachweisen. Abgrenzung zu PZ 6: Rückgang der erhöhten NBP-Werte und Anstieg der *Pinus*-Kurve.

PZ 6: Kiefern - Birkenzeit (415 - 355 cm).
Die Ausbreitung von *Pinus* wird durch 2 Nadelfunde belegt. Eine Bestimmung mittels Nadelquerschnitt war nicht mehr möglich. Anwesenheit von *Betula* weiterhin durch Fruchtreste der Baumbirken gestützt. *Potamogeton pusillus* und *Potamogeton cf.*

gramineus breiten sich im See aus. *Batrachium* hat sich angesiedelt. Abgrenzung zu PZ 7: Anstieg der *Corylus*-Kurve.

PZ 7: Hasel - EMW - Zeit (355 - 315 cm).
Corylus dominiert, subdominant beginnt sich der EMW auszubreiten. Die NBP-Werte sind gering. Abgrenzung zu PZ 8: Rückgang von *Corylus* und Anstieg von EMW.

PZ 8: EMW - Haselzeit (315 - 175 cm).
Es treten zunehmend die Holzarten des EMW auf, *Corylus* verliert an Bedeutung. Einzelne Funde von *Fagus* und *Abies* tauchen auf, *Buxus* läßt sich mit einem Pollenkorn belegen.
Die Grobdetritusmudde geht in Bruchtorf über. Damit ist der See an der Bohrstelle verlandet. Es läßt sich gut an den erhöhten NBP-Werten, an dem fehlenden Nachweis der Wasserflora sowie dem Auftauchen von Verlandungszeigern wie *Sparganium/Typha.angustifolia*Typ im Pollendiagramm oder Großrestfunden wie *Carex rostrata* und *Eleocharis cf.palustris* ablesen. Neben *Juncus* - und *Carex*-Früchtchen, finden sich andere Zeiger feuchter Standorte wie *Eupatorium cannabinum* - ein Großteil der tubulifloren Compositen im Pollendiagramm wird hierher gehören - oder *Menyanthes trifoliata*. Abgrenzung zu PZ 9: Beginn der *Fagus*-Dominanz und der *Abies*-Ausbreitung.

PZ 9: Buchen - Tannenzeit (175 - 0 cm).
Nach kurzem Anstieg wird *Fagus* über den EMW dominant, *Abies.* folgt verzögert nach und kann erst in der Mitte der Pollenzone in Konkurrenz zur Buche treten. Von den übrigen Waldbäumen ist *Picea* in geschlossener Kurve vorhanden. *Carpinus* tritt erst im oberen Teil des Diagramms,zusammen mit den Siedlungszeigern auf. Die lokale Dominanz von *Alnus* überprägt das regionale Waldbild. Ähnliches gilt für den entsprechenden Abschnitt im Großrestdiagramm. Früchtchen von *Alnus glutinosa* und *Rubus*-Arten sowie *Juncus* und *Carex* vermitteln ein Bild des damaligen Uferbereichs. Bemerkenswert sind zwei Samenfunde von *Scirpus*.

D i a g r a m m   SIV - 6.

Stratigraphie (cm):

0 - 95	Cyperaceentorf, im oberen Teil stark lehmig mit kleinen Steinchen.
95 - 235	Bruchtorf
235 - 390	rotbraune Grobdetritusmudde
390 - 570	olivgrüne Feindetritusmudde, bei 465 - 470 schwach-mineralische Zwischenzone
570 - 700	hellgrauer-bläulicher Weichton
700 - 710	trocken-fester Ton mit Steinchen durch- mischt
710	Bohrwiderstand Stein.

Diagrammgliederung und Vegetationsentwicklung

Die Pollenzonen gleichen in ihrer Abfolge den bisherigen Diagrammbeschreibungen. Daher scheint es wichtiger die Ergebnisse der Großrestanalyse mit den einzelnen Pollenzonen zu verknüpfen.

PZ 1: *Artemisia* - Steppen - Tundrenzeit (650 - 575 cm).

PZ 2: Wacholder - Birkenzeit (575 - 550 cm).

Betula nana ist nachgewiesen, die ersten Baumbirken siedeln sich an. Ein Nadelfund von *Pinus* läßt eine relative Nähe der Kiefer vermuten, obwohl erst geringe Pollenwerte vorhanden sind. Eine genauere Bestimmung und Unterscheidung zwischen *Pinus sylvestris* und *Pinus mugo* war auch hier nicht möglich. Im See entwickeln sich Characeen-Rasen.

PZ 3: Kiefern - Birkenzeit (550 - 495 cm).

Weitere Funde von *Pinus* -Nadeln sowie *Betula*-Früchtchen und Fruchtschuppen belegen die zunehmende Bewaldungsdichte. Die Seevegetation erweitert sich durch Ansiedlung von *Myriophyllum alterniflorum* und *Potamogeton* -Arten wie *P.pusillus* und *P.cf. gramineus*.

PZ 4: Kiefern - Birkenzeit (495 - 460 cm).

Innerhalb dieser Pollenzone fand sich bei 477 cm erneut als

schwaches Bändchen die Ascheschicht des Laacher Bimstuffs. Die Existenz von *Isoëtes setaceum* wird durch Mikro- und Makrosporen belegt.

PZ 5: Rückgang und Auflichtung der Kiefern - Birkenwälder
(460 - 415 cm).

Betula pubescens und *Betula pendula* sind durch Früchtchen und Fruchtschuppen weiterhin belegt. *Betula nana* ist nicht mehr in unmittelbarer Seenähe.

PZ 6: Kiefern - Birkenzeit (415 - 360 cm).

Während sich die Gehölzflora in ihrem Artenbestand nicht verändert, siedelt sich im See *Potamogeton praelongus* neu an. Auch *Batrachium* ist jetzt vertreten.

PZ 7: Hasel - EMW - Zeit (360 - 295 cm).

PZ 8: EMW - Haselzeit (295 - 250 cm).

PZ 9: Buchen - Tannenzeit (250 - 0 cm).

Das Großrestdiagramm spiegelt, abgesehen von einem Nadel-fund von *Abies*, die lokalen Vegetationsverhältnisse wieder. *Alnus*- und *Carex*-Früchtchen sowie *Juncus*-Samen sind zahlreich nachgewiesen, seltenere Funde wie Fruchtreste von *Typha* und *Scirpus lacustris* ergänzen das Bild des Verlandungsbereiches.

D i a g r a m m   SIV - 4
Stratigraphie (cm):

0 - 250	Cyperaceentorf
250 - 350	Bruchtorf
350 - 420	Grobdetritusmudde
420 -1060	Feindetritusmudde
1060-1100	Weichton
1100	Bohrende

Diagrammgliederung und Vegetationsentwicklung

PZ 1: Waldlose *Artemisia* - Steppen - Tundrenzeit (1100-1060 cm).

Auffallend geringe *Artemisia* -Werte und rascher Anstieg der

Juniperus-Verbreitung lassen vermuten, daß es sich um jüngere
Teile der waldlosen Zeit handelt und die älteren Ablagerungen
nicht mehr in der Bohrung erfaßt wurden. Der damalige See
zeigt noch keine größere Verbreitung einer Wasserflora.
Abgrenzung zu PZ 2: Ausbreitung von *Betula* und *Pinus* und
Rückgang der NBP-Werte.

PZ 2: Birken - Kiefernzeit (1060 - 1020 cm).
   Nur schwach und kurz ist die Wiederbewaldungsphase ange-
deutet. Der Laacher Bimstuff liegt bei 1040 cm inmitten der
kurzen *Pinus*-Dominanz. Im See haben sich *Isoëtes setaceum*,
Myriophyllum alterniflorum und *Batrachium* angesiedelt. Ein
schwacher Anstieg der NBP-Werte gegen Ende der Pollenzone und
ein kurzzeitiger Rückgang der Bewaldung läßt die Auflichtung
der Birken-Kiefernwälder erkennen. Abgrenzung zu PZ 3: Anstieg der *Pinus*-Kurve und Rückgang der *Betula*-Verbreitung.

PZ 3: Kiefern - Birkenzeit (1020 - 940 cm).
   Pinus ist dominant nach raschem Anstieg über *Betula*. Die
NBP-Werte sind gering. Erste wärmeliebende Gehölze tauchen auf.
Abgrenzung zu PZ 4: Anstieg der *Corylus*-Verbreitung.

PZ 4: Hasel - EMW - Zeit (940 - 800 cm).
   Es kommt zu einer Massenausbreitung von *Corylus* während
Pinus und *Betula* zu untergeordneter Bedeutung absinken. Subdominant entwickelt sich der EMW. *Hedera* und *Viscum* sind vertreten. Im See beginnt eine reichhaltige Wasserflora sich zu
entwickeln. Abgrenzung zu PZ 5: Überschneidung der *Corylus*-
Kurve durch EMW.

PZ 5: EMW - Haselzeit (800 - 710 cm).
   Die anspruchsvolleren Holzarten wie *Quercus*, *Tilia*, *Ulmus*
und *Fraxinus* übernehmen die Herrschaft im damaligen Waldbild.
Erste Pollenfunde von *Alnus* und *Abies* tauchen auf.

   Die pollenanalytische Bearbeitung der jüngeren Ablagerungen
wurde nicht weiter durchgeführt. Lediglich der Bohrkern mit
dem Laacher Bimstuff wurde einer vollständigen Auswertung
unterzogen. Das Lupendiagramm zeigt eine deutliche Kiefern-

Birkenzeit mit wenig hohen NBP-Werten, sowie schwacher *Juniperus*-Verbreitung. Beide Hauptholzarten sind durch Fruchtschuppen und Spaltöffnungen belegt.

D i a g r a m m   SII - 3

Stratigraphie (cm):

0 - 38	Cyperaceentorf, dunkelbraun-grau, stark verlehmt.
38 - 39	schwarze Zwischenschicht mit Brandspuren
39 - 165	Cyperaceentorf mit kleineren Holzlagen.
165 - 200	bruchig-grob detritische Ablagerungen z.T. mit größeren Holzstücken und Sandschichten
200 - 220	grauer, trockener Ton mit Feinsandzwischenlagen, von oben mit Wurzeln durchsetzt.
220	Bohrwiderstand Stein.

Diagrammgliederung und Vegetationsentwicklung

PZ 1: Waldlose *Artemisia* - Steppen - Tundrenzeit (220-200 cm).
Hohe NBP-Werte sowie Pflanzen offener, lichtexponierter Standorte wie *Helianthemum*, *Botrychium lunaria* sowie *Chenopodiaceae* und *Caryophyllaceae* verdeutlichen die Waldlosigkeit.

PZ 2: Buchen - Tannenzeit (200 - 0 cm).
Zwischen PZ 1 und PZ 2 liegt ein deutlicher Hiatus. Schon aus dem Sedimentwechsel läßt sich ein plötzlicher Umschwung der Ablagerungsverhältnisse erkennen. So breitet sich nach kurzem Zwischenstadium eines Erlenbruchwaldes mit zeitweiligen Vorkommen von *Myriophyllum alterniflorum* und *Typha latifolia* auf Grund der ansteigenden Cyperaceen-Werte ein Seggengürtel aus. *Fagus* und *Abies* bilden die Hauptholzarten, EMW ist nur untergeordnet vertreten. Durchweg sind Siedlungszeiger wie *Plantago lanceolata* und Getreide-Typ vorhanden.

4.3 Datierung und vegetationsgeschichtliche Deutung.

Die in der kurzen Schilderung der Vegetationsentwicklung beschriebenen Pollenzonen werden in der nachfolgenden zeitlichen Datierung der zehnteiligen Gliederung des Spät- und Postglazial nach FIRBAS (1949) zugeordnet. Eine Zuordnung und Datierung kann dabei auf verschiedenen Wegen geschehen. Gegenseitige Ergänzung und Stützung der unterschiedlichen Methoden helfen die vorgeschlagene Einteilung abzusichern. Folgende Kriterien finden deshalb Berücksichtigung:

1. Zuordnung zur allgemeinen mitteleuropäischen Grundsukzession. Eine erste Grobeinteilung erlaubt die Festlegung größerer Zeitabschnitte der Vegetationsentwicklung ohne stärkere Berücksichtigung der regionalen und lokalen Besonderheiten.

2. Der Vergleich mit gesicherten Zeitabschnitten und Zonen anderer Pollendiagramme. Ein direkter Vergleich ergibt sich zwar nur aus benachbarten Profilen, die dem Untersuchungsgebiet entsprechende Naturvoraussetzungen aufweisen. Somit müssen bei jeder weiterreichenden Parallelisierung die jeweiligen Situationsfaktoren Beachtung finden.

3. Anwendung absoluter Altersdatierung nach der Radiokarbonmethode. In vorliegender Untersuchung, wie schon angeführt, wurden keine absoluten Altersbestimmungen durchgeführt. Eine Übernahme von Altersdaten ist daher nur über vergleichbare Diagrammabschnitte möglich. Mit dem Nachweis des Laacher Bimstuffs ist zumindest für das Alleröd am Sewensee ein wichtiger Leithorizont gegeben.

4. Übertragung bekannter Klimaschwankungen. Da sich solche Schwankungen auf das jeweilige Vegetationsbild auswirken und sich im Diagrammverlauf abbilden, können sie als synchrone Horizonte bewertet werden. Voraussetzung ist die zeitliche Gleichstellung dieser Klimaschwankungen. Problematisch und schwierig wird dieser Weg, wenn sich als weitere Interpretationsmöglichkeit Sukzessionsreihen anbieten.

5. Zuordnung zur FIRBASschen Chronologie in Verbindung mit ^{14}C-Datierungen von WOILLARD (1975,1978).

X	Jüngeres Subatlantikum	2750 ± 50 BP [3]	
		Carpinus-Beginn Fagus-Dominanz	
IX	Älteres Subatlantikum		
VIII	Subboreal	5750 ± 75 BP [3]	
		Fagus, Abies-Anstieg	
VII	Jüngeres Atlantikum	7465 ± 70 BP [3]	
		EMW-Zeit	
VI	Älteres Atlantikum		
	Boreal		
IV	Präboreal	9005 ± 75 BP [3]	
		Pinus-Maximum	
		9310 ± 85 BP	[1]
		Betula, Pinus - Max.	
III	Jüngere Dryas		
II	Alleröd	10950 ± 190 BP	[2]
		dunkelgrauer Laacher Bimstuff	
		11090 ± 240 BP	[1]
		Betula-Maximum Pinus-Anstieg	
Ic	Ältere Dryas		
Ib	Bölling	11860 ± 240 BP	[1]
		Juniperus-Maximum	
Ia	Älteste Dryas		

Tab. 4: Übersicht über die mitteleuropäischen Pollenzonen nach FIRBAS (1949) und ^{14}C-Daten aus den Südvogesen.
1) WOILLARD (1978): Profil Grand Chemin IV 680 m.
2) JUVIGNE (1977) : Profil Frère Joseph 850 m.
3) JANSSEN (1974) : Profil Feigne d'Artimont 1100 m.

Ia. Älteste Dryaszeit (Waldlose Zeit)

Bereits durch die Ablagerung von Ton dokumentiert sich die
Waldlosigkeit des Untersuchungsgebietes nach dem Rückzug des
Dollergletschers. Die unterhalb der Weich-Tone liegende Bän-
derzone erwies sich als pollenfrei. Die Zufuhr der minerogenen
Rhythmik deutet auf den pulsierenden Charakter der umgebenden
Landschaft. Es liegt auf Grund der glazialgeologischen Situation die Vermutung nahe, daß diese Schichtung durch die rück-
liegend abschmelzenden Eismassen hervorgerufen wurde, weniger
dürfte dabei herabströmendes Schmelzwasser der nur spärlich
bewachsenen Hänge der Urheber sein. Gebänderte Tone sind von
anderen Fundstellen beschrieben worden. OBERDORFER (1937) gibt
ein über 2 m mächtiges gebändertes Tonpaket aus dem ehemaligen
See von Urbès an, dessen oberer Teil nach dem Ausweis des Profils waldlose Tundrenphase umfaßt. Umfangreiche Warven beinhalten die Ablagerungen des Grand Etang, die TEUNISSEN (1973)
analysierte. Die ausgezählten Bänderungen umfassen ein Alter
von 2200 bis 2500 Jahren, das beherrschende Vegetationsbild
glich einer offenen, waldlosen Tundrensteppe. Die für diesen
Zeitabschnitt nachgewiesenen Pflanzenarten können nach zwei
ökologischen Faktoren ausgerichtet werden, bodenkundlich nach
ihrer Ansiedlung auf den glazialen, periglazialen Schotterflä-
chen und Rohböden, klimatisch nach ihrem Bestehen in dem damaligen kalten kontinental geprägten Klima des Spätglazials,
welches für diesen Zeitabschnitt angenommen wird (FRENZEL 1967).

*Chenopodiaceae, Rumex, Thalictrum, Helianthemum, Artemisia,
Caryophyllaceae* u. a. bilden die Pioniervegetation. Der Hauptanteil des *Artemisia*-Pollens wird *Artemisia campestris* zugerechnet (LANG 1952, WEGMÜLLER 1977). Ihr seltenes Vorkommen
auf Silikaten schränkt die Übertragbarkeit auf die Südvogesen
ein, obgleich frisch eisfreigewordene Rohböden unterschiedliche ökologische Standortsbedingungen bieten können. Mitgeführ-
ter Kalkschutt, Lößanwehungen können innerhalb der vorherrschen-
den Silikatumgebung zu einer Erweiterung des Standortangebots
führen. Dies muß insbesondere bei dem spätglazialen Nachweis
von *Helianthemum* beachtet werden. Funde von *Ephedra distachya*-
Typ und *Ephedra fragilis*-Typ bestätigen den kontinentalen

Charakter des damaligen Vegetationsbildes, das durch Pflanzen
mit heutiger alpiner Verbreitung wie *Gypsophila*, oder *Saxifraga
oppositifolia*-Typ ergänzt wird. Die heutige Verbreitung von
Ephedra-inneralpin an extrem trockenen und warmen Stellen des
Wallis, Vorkommen in Südtirol sowie das Hauptareal im russi-
schen Steppengebiet - lassen zwar immer die Möglichkeit von
Fernflug zu (BORTENSCHLAGER 1968), die zahlreichen Belege im
Spätglazial der Mittelgebirge (LANG 1952, 1961, WOILLARD 1975)
verstärken die Annahme eines Vorkommens im Untersuchungsgebiet.
WELTEN (1957) betrachtet auf Grund von Pollenanalysen an Rezent-
vorkommen die Windverfrachtung von *Ephedra* als sehr gering,
Werte von 0,5 - 1 % *Ephedra* - Pollen in fossilen Proben lassen
sogar reichliches lokales Vorkommen und wohlentwickelte Fels-
steppenflächen zu. Aus dem benachbarten Schwarzwald wissen
wir für die Umgebung des Schluchsees, daß in dieser waldlosen
Zeit nach dem Eisrückzug auch *Dryas octopetala*, belegt durch
Blätterfunde (OBERDORFER 1931), vorkam. Es sei deshalb die
Möglichkeit nicht aus geschlossen innerhalb der hohen Prozentwerte der *Rosaceae* auch Pollenfunde von *Dryas* zu vermuten.
Einzelne Funde von *Polygonum bistorta, Centaurea scabiosa,
Plantago media-major* Typ sowie Sporen von *Botrychium lunaria*
innerhalb dieser Rasengesellschaften lassen an eine Verfesti-
gung und beginnende Umstrukturierung dieser Pionierrasen den-
ken. Die Gehölzpollenfunde während dieser Zeit müssen zum überwiegenden Teil wohl als eingewehte Funde gedeutet werden.
Jedoch zeigt wiederum der Vergleich mit Großrestfunden aus dem
Schluchseegebiet (OBERDORFER 1931) und aus dem Bodenseegebiet
(LANG 1952) die Existenz von Zwergstraucharten wie *Betula nana,
Salix herbacea* oder *Salix myrtilloides*, so daß die Möglichkeit
aut ochthoner Pollenproduktion auch am Sewensee gegeben sein
kann. Bei der Interpretation der Pinus-Werte werden 3 *Conife-
rae*-Zapfenfunde bei TIII/1 353 cm in Weichtonablagerungen von
Bedeutung. Da jedoch der Stielansatz der Zapfen fehlte und die
Schuppenschilde stark zerstört waren, konnte keine genauere
Bestimmung erfolgen. Die Funde können sowohl *Pinus sylvestris*
als auch *Pinus mugo* zugehörig sein, auch ist eine Herkunft
von *Larix* nicht absolut auszuschließen.

Ein Überdauern von *Pinus* und *Betula* in der oberrheinischen
Tiefebene wird nicht ausgeschlossen, dadurch wäre eine rasche
Einwanderung nach dem Eisrückzug ins Dollertal möglich.

Wohl sprechen die hohen NBP-Werte für den eindeutigen Charakter einer waldlosen Vegetationsbedeckung, es muß aber bedacht werden, daß der zeitliche Unterschied zwischen Gletscherrückzug und Wiederbewaldung geringer ist, da die begleitenden Talflanken und Höhenzüge rascher eisfrei wurden als der Talboden. Diesbezügliche Beobachtungen über die Besiedlung von Gletschervorfeldern in den Schweizeralpen durch LÜDI (1958) ergeben rezente Vergleichsmöglichkeiten. Die Annahme eines eiszeitlichen Refugiums von *Betula* und *Pinus* im Oberrheingebiet fand durch OBERDORFER (1937) eine Grundlage, als er das Moor von Ohnenheim nördlich von Colmar auswertete. Die basalen Tonablagerungen ergaben ein subarktisches Vegetationsbild mit *Pinus*-Dominanz und wenig *Betula* und *Salix*. Die neuerliche Diskussion um die Verschiebung der Waldzonen während der Würmeiszeit (BEUG 1967) und um die eiszeitlichen Refugien (BASTIN 1967), deren Existenz sich in lößbedeckten geschützten Tallagen erkennen läßt, muß deshalb unter Einbeziehung dieser Lokalität im Oberrheingebiet geführt werden. Jegliche Datierungen und Nachweise von *Pinus* innerhalb der Vogesen und des Vorlandes erhalten zusätzliches Gewicht durch die heutige Verbreitung von *Pinus sylvestris* und *Pinus mugo*. Während sich *Pinus sylvestris* mit ihrem Vorkommen in den Vogesen an der Westgrenze ihrer Verbreitung befindet, sind natürliche Standorte von *Pinus mugo* selten und in weitaus geringerem Maße als im Schwarzwald vorhanden.

Ib. Böllingzeit (Wacholder-Sanddorn-Birkenzeit).

Als erste Schwankung nach dem Eisrückzug wird die von IVERSEN (1942) erstmals beschriebene Böllingzeit, eine Phase der ersten Wiederbewaldung, und die Ältere Dryaszeit mit Auflichtung der Wälder und Klimarückschlag beschrieben.
Während über den böllingzeitlichen Beginn der Wiederbewaldung bei vielen Fundstellen kein Zweifel herrscht, ist der Nachweis des Klimarückschlages und den damit verbundenen Auswirkungen auf die Vegetation schwierig und nicht eindeutig zu erkennen. Eine sichere Abgrenzung ergibt sich erst dann, wenn ein erkennbarer Anstieg der NBP-Werte in Verbindung mit einem

Rückgang der Bewaldung steht. Der Beginn der Wiederbewaldung
am Sewensee setzt hier mit der Ausbreitung von *Juniperus,
Hippophaë* und Baumbirken ein. Die Pollendiagramme vermerken
eine rasche Ausbreitung der Birken, die sich durch Großrestanalysen als *Betula pubescens* und *Betula pendula* verifizieren
lassen. Mit dem Nachweis von *Betula nana* (Fruchtschuppen und
geflügelte Früchtchen) ist die Vermutung einer Zwergstrauch-
bedeckung während der Ältesten Dryas Ia bestätigt worden.
Während dieser ersten Wiederbewaldungsphase bleibt *Pinus* nur
schwach vertreten, obwohl sie im Profil SIV-6 bei 570 cm durch
einen Nadelfund belegt wird. In allen Diagrammen ist ein zeitliches Nachhinken der *Betula*-Ausbreitung gegenüber *Juniperus*
abzulesen. Die zunehmende Bewaldungsgeschichte wirkt sich auf
die Zusammensetzung der Krautschicht aus. Während die offenen
Pionierrasen geringer werden, erscheinen häufiger Anzeiger
einer dauerhaften Hochstaudenflora. Die Wiederbewaldungsphase
weist somit eine Sukzession auf, wie sie für viele bölling-
zeitlich datierte Profile nachgewiesen wurde. BERTSCH (1961)
ermittelt für das westliche Bodenseegebiet eine Massenausbreitung von *Hippophaë* und *Juniperus,* gefolgt vom Vorstoß der
Baumbirken. Am Schleinsee, östliches Bodenseegebiet beginnt
nach LANG (1952) die Wiederbewaldung im Bölling ebenfalls mit
Baumbirken. Auch das Urseemoor im Südschwarzwald (LANG 1971)
weist diese Abfolge auf. In den Profilen von WEGMÜLLER (1966,
1977) aus dem Jura und den Westalpen werden *Juniperus-Betula-*
Ausbreitung ebenfalls als Bölling datiert. WELTEN (1972) warnt
jedoch vor einer zeitlichen Gleichsetzung der *Juniperus*-
Strauchphase als Bölling-Beginn bei unterschiedlicher Höhenlage der Profile. Wie aus dem Vergleich absolut datierter
Juniperus-Anstiege bei Murifeld (550 m) und Wachseldorn (980 m)
hervorgeht, folgt eine zeitliche Verspätung der *Juniperus*-
Einwanderung in höheren Lagen. Ähnliches zeigt das Profil von
TEUNISSEN (1973) aus dem Grand Etang (800 m) bei Gerardmer.
Hier liegt die *Juniperus*-Ausbreitung im Alleröd. Die Böllingzeit ist dort nicht nachgewiesen. WOILLARD (1975) beschreibt
das Profil Grand Prés bei Ecromagny, Haute Saône (450 m) als
bisher einzige Stelle in Frankreich, in der die Böllingzeit
klar und deutlich repräsentiert ist. Die Bohrstelle liegt
außerhalb der Würmvereisungsgrenze. Die Klimabesserung ließ

dort *Fagus*, *Corylus*, EMW in ihrer Verbreitung deutlich ansteigen und die *Pinus*-Werte überlagern. Es wird durch den prägnan-
ten Diagrammverlauf die schnelle Wiederansiedlung wärmeliebender Gehölze während einer Klimabesserung deutlich, ein Vor-
marsch, der mit dem Bestehen von einzelnen Refugien in besonders geschützten Lagen eher zu erklären ist als mit dem geschlossenen Rückwandern der nach Süden verdrängten Wälder.

Ic. Ältere Dryas (Birkenzeit mit Auflichtungen)

Gemäß der von LANG (1963) geforderten sprachlichen Korrekt-
heit bei dem Gebrauch des Terminus "Schwankung" kann erst mit
dem Nachweis der Älteren Dryas von einer Bölling-Schwankung
gesprochen werden. Einheitlich wird der Klimarückschlag bei
BERTSCH (1961) und WEGMÜLLER (1966, 1977) als Anstieg der
NBP-Werte und Rückgang der Birkenwälder beschrieben. Die
Schwarzwaldprofile von LANG (1952,1971) lassen die Ältere
Dryas nicht erkennen. Im Profil Grand Prés (WOILLARD 1975)
breitet sich nach dem Bölling erneut eine an *Artemisia* reiche,
offene Vegetation aus. Im Profil TI-4 konnte zwischen 520 -
555 cm bei engem Probenabstand ein Anstieg der NBP-Werte mit
starker *Artemisia*-Beteiligung analysiert werden. Die Ausbreitung der Baumbirken wird deutlich eingeschränkt. Da während
dieses Abschnittes keine Ausbreitung von *Pinus* erfolgt, kann
dies als zusätzliches Zeichen für eine Auflockerung und einen
möglichen Rückgang des Waldes gesehen werden. Auf Grund der
älteren Bölling-Ablagerungen könnte es sich demnach um den
Klimarückschlag der Älteren Dryas handeln. Der Nachweis ist in
dieser Form nur in diesem Profil zu erkennen, möglicherweise
sind jedoch die Proben bei SIV-3, 740 - 750 cm und SIV-6,
550 - 560 cm ebenso einzustufen. Bis zur genaueren Klärung und
der Absicherung durch absolute Altersangaben sollte diese Datierung jedoch mit Vorsicht betrachtet werden.

II. Alleröd (Birken - Kiefernzeit, Kiefern - Birkenzeit)

Während des Alleröd-Interstadials gelangt die Kiefer zur
Vorherrschaft über die Birke. Rückgang der NBP, zunehmende

Pollendichte, Großrestfunde wie *Pinus*-Spaltöffnungen, Nadeln
sowie *Betula*-Früchtchen und -Fruchtschuppen sind sichere Be-
weise für die Waldverbreitung. Der Abschnitt läßt sich in zwei
Unterabschnitte gliedern:

a.) Birken-Kiefernzeit mit Dominanz von *Betula pubescens*
   und *Betula pendula, Pinus* ist in Ausbreitung begriffen
   und subdominant vertreten.

b.) Kiefern-Birkenzeit mit Vorherrschaft der Kiefer.

Der ältere birkenreiche Teil des Alleröd enthält noch konti-
nentale Steppenelemente wie *Ephedra distachya*. Dies muß jedoch
nicht unbedingt auf ein weniger günstiges Klima hindeuten, wenn
man die rückliegenden Kammhöhen des Ballon d'Alsace in die Betrachtung mit einbezieht. Weitere Funde von *Calluna, Lycopodium
selago* oder *Plantago media* schließen Rasengesellschaften in
höheren Lagen nicht aus. Für eine gewisse Klimagunst im beginnenden Alleröd und in der Birken-Kiefernzeit spricht die
Ansiedlung von *Isoëtes setaceum* im spätglazialen Sewensee.
Im Schwarzwald dient *Isoëtes setaceum* gleichfalls als Indika-
tor für die verbesserten Klimabedingungen im Alleröd (LANG 1963),
da während des Klimarückschlages der Jüngeren Dryas-Zeit ein
Rückgang dieser Vorkommen einsetzt. Das Erscheinen von
Isoëtes setaceum bei Beginn der Kieferdominanz im Schwarzwald
spricht dafür nur die Kiefern-Birkenzeit ins Alleröd zu stellen, die vorangehende Birken-Kiefernzeit dagegen zur Älteren
Dryas und dem Bölling. Überträgt man diese Grenzziehung und
Gliederung auf den Sewensee, so muß die Birken-Kiefernzeit in
das Alleröd gestellt werden. Gleichzeitig wird mit der unteren
zeitlichen Begrenzung auch die etwaige Stellung der Älteren
Dryas gefestigt. In höheren Lagen bietet sich ein ähnliches
Vegetationsbild. Im Grand Etang sind allerödzeitlich Birkenwälder dominierend, nur schwach bildet sich eine Kiefern-Birkenzeit heraus. WOILLARD (1977) beschreibt für Höhen um 850 m
ebenfalls Kiefer-Birkenbestände. Für tiefere Lagen zwischen
460 und 540 m gibt sie Kiefern-Haselwälder mit ersten wärmeliebenden EMW-Arten an. Für den Sewensee, in einer Höhenlage
von 501 m, trifft dies nicht zu. Das im Profil SI-3 beschriebene kurze Auftauchen von EMW und Hasel würde sich in die
Diagramme von WOILLARD einfügen, der weitere Nachweis in den
restlichen Allerödabschnitten steht jedoch aus, so daß auch

Probenverunreinigung die Ursache sein könnte. Das Diagramm von
OBERDORFER (1937) aus dem benachbarten Thurtal weist im Alleröd auch wärmeliebende Gehölze in schwacher Verbreitung auf.
Es scheint demnach im Vorland der Vogesen und in Gebirgsrand-
nahen Talbereichen vor allem in südlicher Richtung zu einer
ersten Ausbreitung thermophiler Baumarten gekommen zu sein.
Die Pollen von *Filipendula* am Sewensee dürften mit ziemlicher
Sicherheit von *Filipendula ulmaria* stammen, da ein Früchtchen
dieser Art im Profil SIV-6 bei 410 cm gefunden wurde. *Filipendula ulmaria* wird von USINGER (1975) zur klimatischen Differenzierung des Alleröd verwendet. Er schreibt erhöhten *Filipendula*-Werten im späten Alleröd mehr einer gesteigerten Ozeanität
als erhöhten Temperaturen zu. Dem widerspricht allerdings am
Sewensee die Kieferndominanz im oberen Teil des Alleröd, die
einen weniger ozeanisch kühlen Temperaturgang fordert. Auch
die im Alleröd beginnende Ausbreitung farnreichen Unterwuchses,
nachgewiesen durch *Dryopteris filix-mas* und andere *Polypodiaceae*,
deutet mehr auf erhöhte Temperaturen als auf gesteigerte Ozeanität, da ein Rückgang der Sporen in der Jüngeren Dryas festgestellt werden kann. Ein merklicher Rückgang in der folgenden
Jüngeren Dryaszeit ist bei *Filipendula* nicht zu erkennen, so
daß es ratsamer ist, diese Hochstauden nicht als Klimaindika-
toren zu verwenden, zumal durch ihr indifferentes Verhalten
die ökologische Aussagekraft gering ist.

Ein weiterer Beleg für die Alleröd-Datierung ist der Nachweis des Laacher Bimstuff in der Kiefern-Birkenzeit. Die vul-
kanische Ascheschicht wurde an zehn Bohrstellen im Sewensee
nachgewiesen. Es handelt sich bisher um den zweiten Nachweis
in den Vogesen. Ein früher Nachweis gelang WOILLARD (1975) bei
Thillot (Profil Frère Joseph 850 m). Eine Karte der bisherigen
Fundstellen gibt WEGMÜLLER (1977). Der im Profil Frère Joseph
nachgewiesene Tuff entstammt der letzten ausgeworfenen Schicht des
Laachersee-Vulkans. Sie wird nach FRECHEN (1971 in JUVIGNE 1977)
als Tuff 5 oder "grauer Laacher Bims" bezeichnet und weist in
ihrer Schwermineralverteilung hohe Werte von Hornblende auf.
Die gefundenen Tuffablagerungen im Sewensee dürften der gleichen Schicht entstammen. Absolute Altersdatierungen des grauen
Laacher Bimstuff ergeben ein Alter von 10950 $\pm$ 190 BP (JUVIGNE
1977). Die von WEGMÜLLER (1977) nachgewiesenen Tuffunde weisen

nach ^{14}C-Datierung mit ca. 9000 v.Chr. gleiches Alter auf.
Nach der Diagrammlage ist der Tuff im oberen Drittel des Alleröd zu finden und in zeitlicher Nähe zum Beginn der Jünge-
ren Dryas (10775 BP.). Vergleicht man die mineralische Zusam-
mensetzung der von LANG (1952) im Schwarzwald nachgewiesenen
Tuffschicht mit den Ergebnissen in den Vogesen, so erkennt
man, daß es sich um zwei verschiedene Tuffe handelt, da im
Schwarzwald-Tuff Augit überwiegt. Auch stratigraphisch können
Unterschiede festgestellt werden. Der Schwarzwald-Tuff er-
scheint deutlich sichtbar als helles, weißes Band in umgebender
Mudde, während das makroskopische Erkennen der dunkelgrauen
Tuffschicht am Sewensee schwierig ist. Der weiße Tuff des
Schwarzwaldes ist nach FRECHEN älter als der dunkelgraue.
Dementsprechend ist die Lage in den Alerödsedimenten des
Schwarzwaldes in oder wenig oberhalb der Mitte, in den Sewen-
see Profilen deutlich im oberen Drittel.

III. Jüngere Dryaszeit (Kiefern-Birkenwälder mit Auflichtungen).

   Der klimatische Rückschlag der Jüngeren Dryaszeit ist klar
und deutlich abgezeichnet. Die Wiederausbreitung von *Juniperus,*
Hippophaë, kontinentalen Arten wie *Ephedra*-Typen, erhöhte
Werte von *Rumex, Artemisia, Chenopodiaceae, Helianthemum* verdeutlichen eine Auflockerung des allerödzeitlichen Waldbestandes. Der geringe Nachweis von Großresten legt die Vermutung
nahe, daß die Anwesenheit von *Pinus* und *Betula* in unmittelbarer Nachbarschaft des Sewensees nicht mehr gegeben war. Wie
stark die Klimaveränderung, die sich besonders auf den Temperaturgang auswirkte, eine Verschiebung der Waldgrenze bewirkte,
muß vorerst unbeantwortet bleiben, da wir nicht wissen, wie
hoch die Waldgrenze im Alleröd lag. Sie muß während der Jüngeren Dryaszeit jedenfalls unterhalb des Sees gelegen haben. Für
den Schwarzwald bestimmte LANG (1971) die allerödzeitliche
Höchstlage der Kiefernwälder bei mindestens 950 - 1000 m. Woll-
te man diese Grenze auch auf die Vogesen übertragen, dann müßte
mit einer Depression der Waldgrenze in der Jüngeren Dryaszeit
von 500 m gerechnet werden, ein Differenzbetrag, der ziemlich
hoch scheint. Die heutigen mittleren Julitemperaturen dürften
in Höhenlagen von 1ooo m ca. 13° C betragen.

Bringt man dazu die allerödzeitliche Temperaturerniedrigung
von 2° C in Bezug, dann ermittelt sich ein Julimittel im Alleröd von 11° C bezogen auf 1ooo m Höhe. Dieser Wert liegt um 1° C
unter der Temperatur an der Nordgrenze des heutigen Areals von
Pinus sylvestris. Demnach muß im Untersuchungsgebiet bei einer
Temperaturabnahme von 0,6° C/100 m die allerödzeitliche Waldgrenze bei ca. 800 - 850 m gelegen haben. Sofern das durch
Pinus und *Betula* geprägte Alleröd der höher gelegenen Profile
von WOILLARD (1975) nicht durch Großrestfunde dieser Bäume belegt ist, können diese Überlegungen aufrecht erhalten werden.

Die Betrachtung des Spätglazials am Sewensee und die Diskussion des folgenden Postglazials wäre unvollständig, wenn sie
ohne die von WOILLARD (1975) gedeutete Piottino-Schwankung gesehen wurde. Die von ZOLLER (1960) erstmals beschriebene präboreale Klimaschwankung wurde im Widerstreit der verschiedenen Interpretationen von LANG (1961) der Jüngeren Dryas zugeordnet, von KÜTTEL (1977) letzlich nach feinstratigraphischen
Untersuchungen an der Typlokalität in Verbindung mit ^{14}C-Datie-
rungen verworfen und weitgehend im Sinne von LANG (1961) eingestuft. Im Nachtrag zu den früheren Untersuchungen und gestützt
auf absolute Altersdatierungen ordnet WOILLARD (1978) die früher als präboreal datierten Pollenzonen der Profile Grand
Chemin I, Machey II, Etang du Boffy und Grand Prés dem Spätglazial zu, womit die in den Vogesen gedeutete Piottino-Schwankung den neueren Ergebnissen aus den Bedrina-Profilen angegli-
chen werden.
Für den Sewensee ist insbesondere der jetzt böllingzeitliche
Juniperus-Anstieg bedeutsam, der von WOILLARD in Anlehnung an
BEAULIEU (1977) als Hinweis für den Beginn der Klimaschwankung
gedeutet wird.(^{14}C-Datierung:11860±240 BP).
Parallelisiert man dieses Alter mit den Sewensee-Profilen, so
erscheint dieses Alter als zu jung, um dem alpinen Bölling nach
WELTEN (1972) zu entsprechen. Betrachtet man jedoch die ausge-
prägte und markant dargestellte Jüngere Dryas in den Sewensee-
Profilen ,so erscheint es nur schwer verständlich, weshalb
Auswirkungen der Bölling-Schwankung in den Diagrammen nicht
nachweisbar sein sollten.

Die pollenanalytische Auswertung der spätglazialen Ablagerungen in Verbindung mit der Diskussion der Glazialgeschichte
lassen erkennen, daß der Sewensee seit dem Titiseestadium eisfrei ist. Der Klimarückschlag der Älteren Dryas Ic ist unter
Vorbehalt zu erkennen, deutlich ausgeprägt ist dagegen die Kli-
maverschlechterung der Jüngeren Dryas III. Die von älteren Autoren (OBERDORFER 1937, FIRBAS 1948) vertretenen Annahme des
Eisrückzuges seit dem alpinen Bühl-Stadium muß nach neueren
Arbeiten aus dem Alpenraum (PATZELT 1972) dahingehend korri-
giert werden, daß zwischen das Daun-Stadium der Älterer Dryas
und das Bühl-Stadium das Gschnitz-Stadium einzuordnen ist.
Das Bühl-Stadium wäre demnach ein älteres Rückzugsstadium in
der Ältesten Dryas Ia. Eine weitere Zuordnung der Moränen am
Sewensee und Alfeld in Verbindung mit den Pollendiagrammen
kann ohne weitere Untersuchung nicht gegeben werden.

IV. Präboreal (Kiefern - Birkenzeit).

Durch den Abfall der NBP-Werte, erhöhter Pollendichte und
dem Wiederanstieg von *Pinus* und *Betula* wird nach dem Ende des
Spätglazials das erneute Vorrücken der Wälder eingeleitet.
Einem kurzen *Betula*-Vorstoß, der jedoch nie über *Pinus* dominant wird, folgt die Ausbreitung der Kiefernwälder, während
die Baumbirken rasch zurückgehen. Deutlicher ist der präboreale
Betula-Vorstoß in höheren Lagen zu erkennen. Auffällig sind
im Profil Vallée du Rahin (916 m) (DRESCH, ELHAI 1966) während
der Kiefern-Birkenzeit und Beginn der EMW-Verbreitung - am
Sewensee sind in diesem Abschnitt nur noch sporadische Funde
vorhanden - ausgeprägte Gipfel von *Juniperus*, *Salix* sowie
Einzelfunde von *Ephedra distachya*-Typ, *Hippophaë* und *Selaginella*.
Diese Zeiger einer mit Sträuchern durchsetzten Rasenflur lassen
an eine Lage der Baumgrenze in diesem Höhenbereich denken.
Hinweise auf einen zeitlich unterschiedlichen Zusammenschluß
der Vegetation in Hochlagen der Vogesen vermittelt auch ein
stratigraphischer Vergleich bestimmter Lokalitäten. Während
im Sewensee zu dieser Zeit schon eine organogene Mudde abgelagert wird, sedimentiert im benachbarten Moor von Urbès noch
eine deutliche Tonmudde, im Moor von Frankenthal (103o m)
(FIRBAS et al.1948) werden die präborealen basalen Sedimente
von Ton gebildet. Das frühere Auftreten thermophiler Holzarten
des EMW hängt vermutlich mit der geeigneteren Exposition und
Nähe des Rahintales zu den EMW-Vorkommen im südlichen Vogesen-
land zusammen, deren Existenz schon im Bölling und Alleröd von
WOILLARD (1975) erkannt wurde. Diagramme aus dem nördlich gelegenen Hohneck-Gebiet (JANSSEN 1974) lassen ähnlich wie am
Sewensee eine erste Ausbreitung des EMW nach der präborealen
Pinus-Dominanz erkennen. Die einsetzende Klimagunst läßt auch
eine erneute und stärkere Ausbreitung der Wasservegetation zu.
Isoëtes setaceum breitet sich nach dem Rückgang während der
Jüngeren Dryas wieder aus, kann jedoch die hohen Werte im Spät-
glazial nicht mehr erreichen. Die zahlenmäßig geringeren Funde
von Makrosporen im beginnenden Postglazial erhärten die Annahme
eines allgemeinen Verbreitungsrückgangs trotz verbesserter
Klimabedingungen. LANG (1971) erklärt gleiches Verhalten von
Isoëtes setaceum im Urseemoor durch veränderte edaphische

Bedingungen bei zunehmender Muddebildung, was auch am Sewensee gültig sein kann. Eine weitere Erklärung könnten veränderte Stickstoffverhältnisse im präborealen Sewensee gewesen sein.
Das Auftauchen von *Potamogeton praelongus* und die stärkere
Verbreitung von *Potamogeton pusillus* (ELLENBERG 1974) könnten
möglicherweise auf erhöhte Stickstoffwerte hindeuten, die für
Isoëtes setaceum keine optimale Bedingungen mehr zuließen.
Das Präboreal des Bodenseegebiets und des Schwarzwaldes muß
im Vergleich mit dem Sewensee eine rasche Zunahme der sommer-
lichen Temperaturen gebracht haben. Thermisch anspruchsvolle
Wasser- und Sumpfpflanzen wie *Najas marina, Nymphaea alba* oder
Nuphar waren schon vertreten.

V. Boreal (Hasel - EMW - Zeit)

Die Abgrenzung des Boreals zu Beginn der frühen Wärmezeit
gegenüber dem Präboreal geschieht durch den raschen Anstieg
von *Corylus* und der Ausbreitung der anspruchsvollen Laubholz-
arten des EMW. ^{14}C - Datierungen des raschen Haselanstiegs von
JANSSEN (1974) vom Profil Feigne d'Artimont (1100 m) ergeben
ein Alter von 9005 $\pm$ 75 BP. Eine Abgliederung einer Hasel-
Kiefernzeit im beginnenden Boreal erscheint nicht unbedingt
nötig. Sie ist in allen Profilen nur schwach ausgeprägt.
Außerdem werden mit der Massenentfaltung von *Corylus* und den
ersten Nachweisen von EMW die für das Klima wichtigen Zeigerpflanzen wie *Hedera* und *Viscum* nachgewiesen. *Ilex*-Vorkommen
können aus benachbarten Profilen (DRESCH 1966) erkannt werden.
Es muß sich für das Boreal am Sewensee eine Steigerung der
sommerlichen Durchschnittstemperatur um 1,1° C gegenüber heute
ergeben haben, da *Viscum* an ihrer heutigen Verbreitungsgrenze
nicht über die 17° C Juliisotherme hinausgeht. Eine Änderung
der Wintertemperatur gegenüber dem heutigen Januarmittelwert
von - 0,4° C kann jedoch nicht abgeleitet werden. Eine Einwehung aus weiter entfernten Standorten ist nicht wahrscheinlich, da alle drei Arten insektenblütig sind und somit mit einer
relativen Nähe zum Sewensee gerechnet werden kann. Inwieweit
jedoch die sprunghafte Verbreitung der Hasel auch klimabedingt
ist, mag nicht entschieden sein. Die Gleichzeitigkeit des Er-
scheinens mit dem EMW läßt auch den Schluß einer sukzessions-

bedingten Abfolge zwischen der strauchigen Hasel und den höher-
wüchsigen Baumarten des EMW zu. Die subdominierenden EMW-Arten
Quercus, *Ulmus*, *Tilia*, *Fraxinus* und *Acer* sind eingewandert.
Anfänglich überwiegen jedoch *Ulmus* und *Quercus* im Artenspektrum, erst verspätet breiten sich *Tilia* und *Fraxinus* stärker
aus. Da alle Arten frische, nährstoffreiche Böden beanspruchen
scheidet das Argument einer eventuellen Bodenreifung aus. Auch
klimatische Gründe ermöglichen keine eindeutige Klärung. Die
Nordgrenze der Lindenverbreitung in Finnland gleicht dem Verlauf der 17° C Juliisotherme. Etwaige fehlende Sommerwärme als
Ursache des Nachhinkens hinter *Ulmus* und *Quercus* trifft nicht
zu, der frühere Nachweis von *Viscum* beweist dies. Möglich wären zu Beginn des Boreals häufigere Spätfröste, die der frühen
Belaubung der Sommerlinde schadeten. Auch unterschiedliche
Ausbreitungsgeschwindigkeiten der Früchte können als Ursache
der Differenzierung gelten. Mit der EMW- und *Corylus*-Ausbrei-
tung vollzieht sich auch ein Wandel im Artenspektrum des Unterwuchses. *Sambucus nigra*, *Cornus sanguinea*, *Ligustrum* treten
auf. Klimatisch bedeutsam sind Pollenfunde von *Vitis* und *Buxus*.
Beide Arten dürfen als submediterranes Florenelement als absoluter Zeiger der Klimagunst im Boreal gelten. Das heutige Vorkommen des Buchsbaumes im südlichen oberrheinischen Löß- und
Kalkhügelland bei Grenzach wird öfters als Relikt der anthro-
pogenen Verbreitung während der Römerzeit bezeichnet. Vielleicht
kann dieser vorgeschichtliche Nachweis die Vorstellung von der
Urwüchsigkeit und früher größeren Verbreitung des Buchs stützen.

VI. und VII. Atlantikum (EMW - Haselzeit)

   Mit der Dominanz des EMW über die Hasel beginnt die Mittlere
Wärmezeit, das Atlantikum. Die ^{14}C - Datierungen von JANSSEN
(1974) ergaben für diesen Wechsel ein Alter von 7465 $\pm$ 70 BP.
Schwache, aber regelmäßige Pollenfunde von *Abies* und *Fagus*
sind seit Beginn des Atlantikums nachgewiesen. Auch *Picea*
taucht zu Beginn des Abschnittes auf und bleibt regelmäßig
vorhanden. Die Klimagunst wurd durch weitere Funde von *Hedera*
und *Viscum* bestätigt. Ein bedeutender Wechsel vollzieht sich
in der Wasserflora. Während *Isoëtes setaceum* im See erlischt,
tauchen neue wärmeliebende Vertreter wie *Nymphaea*, *Nuphar* und

Trapa natans auf. Im Randbereich ist *Eupatorium cannabinum*
vorhanden. Zahlreiche Nüsse und Pollenfunde von *Trapa* bezeugen, daß auch die inneren Vogesentäler klimatisch während
des Atlantikums bevorzugt waren. Früchtchen von *Scirpus lacustris* sowie die Belege von *Trapa natans* und *Cladium mariscus*
aus dem See von Urbès (OBERDORFER 1937) sind weitere Bestäti-
gungen der Wärmezeit. Mit dem Erlöschen der nordisch-subatlantischen Wasserpflanzen einschließlich der nachgewiesenen
Potamogeton-Arten ist eine Verschiebung des oligotrophen Nähr-
stoffangebots im Sewensee zu meso-eutrophen Verhältnissen der
wärmezeitlichen Wasserflora erfolgt, eine Erscheinung, die an
Schwarzwaldseen ebenfalls festzustellen ist (LANG 1958, 1971).
Auffällig ist die Verteilung der fossilen *Trapa*-Nachweise.
Die Konzentrierung im östlichen Teil des Sewensees kann seine
Ursache in der Verwehung der Blattrosetten bei überwiegenden
Westwinden und in den durch die Sedimentation verringerten
Wassertiefen haben (Abb.14).

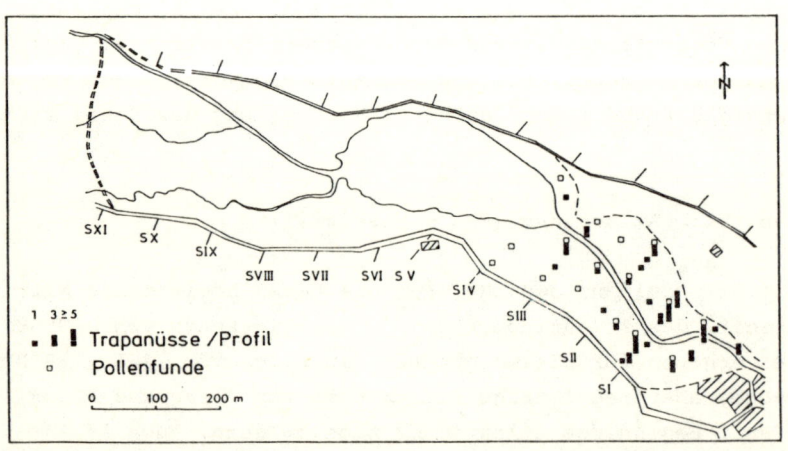

Abb. 14: Nachweise von *Trapa natans* am Sewensee

VIII. Subboreal (Buchenzeit)

Der Beginn der Späten Wärmezeit, dem Subboreal,wird mit der
Massenausbreitung von *Fagus* auf ca. 5000 BP. datiert. Ihr
entspricht im Südschwarzwald der Beginn der Ausbreitung von
Abies und *Fagus* (LANG 1955). Das Artenspektrum des Pollendia-
gramms hat sich nicht verändert. Lediglich *Viscum* scheint in
ihrer Verbreitung streng an das Maximum des EMW gebunden zu
sein. Sie ist im Subboreal nicht mehr vertreten. Mögliche klimatische Ursache könnte eine Absenkung der sommerlichen Durchschnittstemperatur sein. Der Nachweis von *Hedera* und *Ilex*
zeigt, daß sich die Wintertemperaturen nicht veränderten. Der
hygrische Jahresgang im Subboreal läßt durch die Dominanz der
mehr Trockenheit ertragenden Buche den Schluß eines trockenen,
weniger niederschlagsreichen Klimas zu. Die Deutlichkeit der
Fagus-Verbreitung, ihr gleiches Vegetationsbild in den höheren
Lagen der Vogesen (Feigne d'Artimont 1100 m, Grand Etang 800 m),
steht im Gegensatz zu den Höhenstufen im Südschwarzwald. Das
dortige Vorkommen einer Buchenzone in tieferen Lagen und einer
Tannenzone in höheren Lagen bestand in den Vogesen während des
Subboreals nicht. Die unterschiedliche Ausprägung der Waldstufen ergibt sich vermutlich durch das Zusammenspiel verschiedener Faktoren. So liegt auf Grund der rezenten Verbreitung eine
allgemeine Förderung der Buche in den südlichen Vogesen vor.
Ob auch die unterschiedlichen Einwanderungswege Gründe für
die Ausbildung der Höhenstufen beinhalten, ist nicht zweifelsfrei zu klären. Der von BERTSCH (1935) vorgeschlagene Jura-Weg
der Tanneneinwanderung läßt sich nicht mehr aufrechterhalten
(KRAL 1972). Vielmehr erfolgte die Einwanderung aus dem östlichen Westalpenbereich. Der Beginn der Tannenzeit im Südschwarzwald ist von LANG (1955) im Griesbacher Moor (850 m)
auf 4465 ± 140 BP. datiert worden,fällt also zeitlich mit der
Hauptverbreitung von *Fagus* in den Vogesen zusammen. Ob sich
das klimatisch begünstigte Oberrheingebiet als Hindernis der
Tannenausbreitung in westlicher Richtung auswirkte? Für die andauernde Klimagunst im Subboreal sprechen die Nachweise von
Trapa natans, Buxus und *Nymphaea*. Siedlungsgeschichtlich bedeutsam sind Pollenfunde von *Plantago lanceolata*. Es handelt
sich hierbei um erste Spuren menschlicher Besiedlung im Bereich der Jungsteinzeit und der Bronzezeit.

IX. Älteres Subatlantikum (Buchen - Tannenzeit).

In der Älteren Nachwärmezeit wird die *Fagus*-Dominanz durch
das verstärkte Auftreten von Abies abgebaut. Die Ausbreitung
der Tanne dürfte vermutlich durch erhöhte Niederschläge geför-
dert worden sein. Nimmt man den gleichzeitigen ersten Nachweis
von *Carpinus* als Grenze für den Übergang vom Subboreal zum
Älteren Subatlantikum und überträgt die ^{14}C - Datierungen dieses Abschnitts von JANSSEN (1974) auf das Sewensee-Profil, so
ergibt sich ein Altershorizont von ca. 800 v.Chr. für die Wende Subboreal/Subatlantikum. Ab hier breiten sich die montanen
Buchen-Tannenwälder aus, die in heutigen Höhenzonen zwischen
der collinen Laubmischwald- und der subalpinen Buchenwaldzone
stehen. Ein erster Gipfel des Getreidepollens im Profil SI-3
zwischen 250 - 290 cm, läßt sich mit der römerzeitlichen Besiedlung korrelieren, das Auftauchen von *Juglans* und *Castanea*,
deren Verbreitung andernorts mit den Römern einsetzt, fügt sich
in diese Siedlungszeit mit ein.

X. Jüngeres Subatlantikum (Historische Zeit)

Die historische Siedlungszeit, deren Beginn für das Dollertal im 7./8. Jhdt.n.Chr. anfängt, wird in den Diagrammen durch
die geschlossene Kurve des Getreidepollens und die erhöhten
NBP-Werte abgegrenzt. Hierbei muß jedoch besonders auf die lokale Pollenproduktion der Verlandungsvegetation des Sewensees
geachtet werden, sie kann eine unrichtige Datierung dieses
jüngsten Zeitabschnittes bewirken. Zweifelsfrei ist diese Zuordnung, wenn im pollenanalytischen und stratigraphischen Diagrammverlauf die Verlandung schon früher und deutlich nachgewiesen wurde. *Rumex, Urtica, Chenopodiaceae* haben eine geschlossene Kurve und erhöhte Werte. *Fagopyrum* und *Vitis* sind
vereinzelt vertreten. Ein wichtiger Siedlungszeiger für die
nähere Umgebung des Sewensees ist der Rückgang der Erlen-Kurve.
Sie zeigt nichts anderes als die Rodungstätigkeit und Nutzbar-
machung der Tal- und Verlandungsflächen des Sees als Wiesenkul-
tur an. Gleichzeitig mit dem Beginn des Jüngeren Subatlantikums
breitet sich *Fagus* in einem schwachen Vorstoß wieder aus. Daß
es sich dabei nicht um ein Ausdehnen der subalpinen Buchenzone

handeln kann, läßt sich mit der beginnenden Rodung der Hochflächen begründen. Demnach muß es sich um die verstärkte Ausbreitung der Buche etwa durch geringere Niederschlagsmengen
im montanen Bereich handeln.

Vergleich der Diagramme mit dem Profil von FIRBAS (1948)

Das von FIRBAS et al. (1948) erbohrte Profil liegt oberhalb des Sees in Nähe des Punktes SVII-3. Erbohrt wurden 8,10 m
mächtige Sedimente. Die pollenanalytische Auswertung umfaßt
die Schichten zwischen 150 cm und 650 cm. Die untersten Bereiche wurden wegen zu geringen Polleninhalts nicht ausgewertet.
Starke Zersetzung der obersten Bruchtorfablagerungen und des
rezenten Wiesenbodens ermöglichten dort ebenfalls keine pollenanalytische Bearbeitung.

Das Profil zeigt von unten nach oben folgenden stratigraphischen Aufbau: Blaugrauer Ton, Tonmudde, Grobdetritusgyttja,
Erlenbruchtorf, Bruch- und Radizellentorf mit Wiesenboden.
Die Ablagerungen umfassen die Zeitabschnitte zwischen Älterer
Dryas I i.w.S. und Subboreal VIII. Eine Differenzierung der
ältesten spätglazialen Zonen erfolgte nicht. Ebenso fehlen die
vorgeschichtlichen und historischen Zeiträume, wie durch den
fehlenden Nachweis von Siedlungszeigern zu erkennen ist. Die
Abfolge der übrigen Altersabschnitte stimmt in ihrem Verlauf
und Artenbestand mit der vorliegenden Untersuchung überein.
Gemäß dem damaligen Kenntnisstand der NBP-Auswertung ergab
sich nur ein geringes Artenspektrum der Kraut- und Sporenfunde.
Die Fortschritte in der Auswertung von NBP-Funden und die
mögliche Ansprache von *Juniperus*, *Ephedra*-Typen oder *Buxus*,
sowie die Einbeziehung von *Hedera*, *Ilex*, *Viscum* und die Bestimmung verschiedener Wasserpflanzen erweitern mit der vorliegenden Untersuchung die FIRBASsche Fundliste am Sewensee beträcht-
lich. Dadurch wird die Vergleichbarkeit der Vegetationsentwicklung am Sewensee mit neueren Pollendiagrammen möglich.
Mit der Auswertung geeigneter Ablagerungen im oberen Sediment-
bereich kann die bisher nicht bekannte jüngste Vegetationsentwicklung des Gebietes aufgezeigt werden. Der Vergleich der

SEWENSEE, Profil FIRBAS

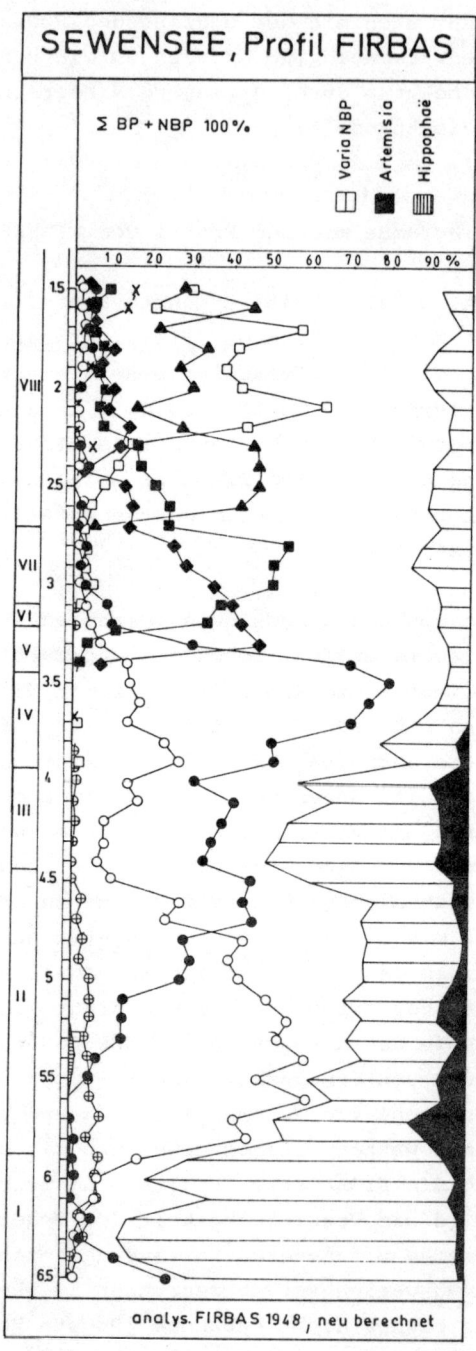

zeitlichen Abfolge der Sedimente ergibt bei FIRBAS die Existenz einer Tongyttja bis in die Jüngere Dryaszeit, während das Vorkommen von Tonmudde in den vorliegenden Profilen nur in geringer Mächtigkeit oberhalb des glazialen Tones im Übergang zur Feindetritusmudde angegeben wird. Die Diskrepanz ergibt sich in erster Linie durch die enge Anlehnung an LÜTTIG, MERKT und SCHNEEKLOTH (1971) bei der Gliederung und Ansprache der limnischen Sedimente im Gelände. Das hier als Feindetritusmudde angesprochene Sediment zeigte in den unteren Bereichen durch elastische Konsistenz und starkes Aufhellen beim Trocknen gewisse Übereinstimmung mit den Eigenschaften einer Lebermudde. Die stratigraphische Abgrenzung der Jüngeren Dryaszeit durch erhöhten mineralischen Anteil und Einlagerung von Sandpartikeln konnte nur beim Profil SIV-6 (465 - 470 cm) beobachtet werden.

5. Entwicklungsgeschichte des Sewensees

5.1 Veränderungen der Wasserflora.

Aus Gründen der Übersichtlichkeit werden die nachgewiesenen Wasserpflanzen und ihr zeitliches Auftreten in Abb.15 zusammengefaßt.

Das nach dem Eisrückzug sich auffüllende Seebecken wird in der Ältesten Dryas von *Characeae*, *Potamogeton*, *Myriophyllum alterniflorum* und *Batrachium* besiedelt. *Isoëtes setaceum* ist für diesen Zeitabschnitt nur mit einer Mikrospore belegt. Es ist unsicher, vergleicht man die später beginnende Massenentfaltung, ob sich daraus eine Anwesenheit ableiten läßt. Die angesiedelten *Characeae* lassen sich durch die zahlreichen Oogonienfunde in *Chara*-und *Nitella*-Arten aufgliedern. Der Zahl der Funde nach müssen ausgedehnte Rasen die lockeren Sand- und Tonböden besiedelt haben. Die heutige vertikale Verbreitung der *Characeae*-Rasen bis zu 20 m Tiefe lassen den Schluß zu, daß die im Profil SIV-6 bei 6 m nachgewiesenen Oogonien autochthonen Ursprungs sind, ein Vorkommen in noch größeren Tiefen des damaligen Sewensees ist sicher nachweisbar. Während des Böllings gesellt sich zu obiger Flora *Isoëtes setaceum*. Dieser kleine submerse Wasserfarn, der nur in Ufernähe bei 1 - 2 m Wassertiefe wächst, kommt heute noch in dem See von Longemer vor, ältere Autoren geben noch die Seen von Retournemer und Gerardmer an. Die zweite Art dieser Gattung, *Isoëtes lacustre* hat ihr heutiges Vorkommen innerhalb der Vogesen in diesen drei Seen. Die Unterscheidung beider Arten nach Mikrosporen gelang OBERDORFER (1931), eine Unterscheidung nach Makrosporen, die in der Literatur (GODWIN 1971, OBERDORFER 1970) angegeben wird, kann für fossile Funde nach Vergleich mit Rezentmaterial nur mit Vorbehalt übernommen werden. Das alleinige Auftauchen von *Isoëtes setaceum* im Spätglazial des Sewensees spiegelt die gleiche Situation wie im Schwarzwald wieder. Auch dort ist *Isoëtes setaceum* schon im Spätglazial vorhanden, während *Isoëtes lacustre* erst in der Wärmezeit auftaucht. Merklich früher als im Schwarzwald, wo nach LANG (1963,1971) erst in der Kiefernzeit des Alleröd eine Ansiedlung erfolgt, ist *Isoëtes setaceum* mit dem Erscheinen im

Bölling. Dies gleicht den Verhältnissen im französischen
Zentralmassiv (LANG u. TRAUTMANN 1961). In den höheren Lagen
der Vogesen breitet sich *Isoëtes* jedoch auch erst im Alleröd
aus (TEUNISSEN 1973). Der Nachweis einzelner, aber regelmäßi-
ger Pollenfunde von *Sparganium/Typha angustifolia* - Typ im
Bölling läßt eher an *Sparganium* denken. Die Pollen von *Potamogeton* dürften nach den Funden von Steinkernen *Potamogeton
pusillus* und *Potamogeton cf.gramineus* zuzuordnen sein. Das
Auftauchen von *Ceratophyllum demersum* belegt FIRBAS (1948) mit
Früchtchen für das Alleröd. Die geschilderte Wasservegetation
verändert sich in ihrem Artenspektrum während des Spätglazials
nicht mehr. Der damalige Sewensee war nach dem analysierten
Pflanzenbild ein oligotropher Glazialsee. Die primäre Ursache
ist in der natürlichen Nährstoffarmut des jungen Sees zu sehen,
ein entscheidender Einfluß muß aber auch der topographischen
Situation des Seebeckens angelastet werden. Besonders deutlich
zeigt sich dies nach den Ergebnissen der stratigraphischen
Bohrungen am Nordufer des Sees, wo ein rascher Abfall der Ufer-
region in beträchtliche Tiefen die Ausbildung größerer Vegeta-
tionskomplexe verhinderte. Auffällig ist ferner die Gleichzeitigkeit im Erscheinen der Wasservegetation während des Bölling.
Gewichtet man die sporadischen Pollenfunde in der Älteren Dryas
als mögliche Einwehung durch Fernflug, so zeigt die Übersicht
ein geschlossenes Erscheinen von *Isoëtes, Potamogeton*-Arten,
Myriophyllum alterniflorum, Batrachium und *cf. Sparganium
angustifolium* für die erste Phase der Klimaverbesserung des
Spätglazials, das zusätzlich durch Großreste abgesichert ist.
Die Besiedlung der eiszeitlichen Schwarzwaldseen läßt nach
LANG (1971) das gleichzeitige Eintreffen dieser nordisch-subatlantischen Wasserpflanzen nicht erkennen. Während der Älteren Dryas und der Jüngeren Dryas ist, vor allem bei *Potamogeton,*
ein deutlicher Rückgang der Verbreitung auf Grund fehlender
Großreste und Pollenfunde zu beobachten.
Als eindeutiger Beweis für die damalige klimatische Ungunst
des Untersuchungsgebietes kann diese Erscheinung zwar nicht
gewertet werden, da sie nicht konsequent im ganzen Artenspektrum zu bemerken ist; sie darf jedoch nicht übersehen werden.
Im Präboreal bot sich am Sewensee ein ähnliches Bild der Wasservegetation wie im Spätglazial.

Potamogeton praelongus kann für diesen Zeitabschnitt und für das nachfolgende Boreal nachgewiesen werden. FIRBAS (1948) sieht in dem Auftauchen dieser Art den Nachweis für die Möglichkeit der Ansiedlung in den kalten Gewässern des Spätglazials, die ihr seither zu warm geworden sind. Die Funde im Boreal scheinen dem zu widersprechen. Im Bodenseegebiet ist *Potamogeton praelongus* schon in der Ältesten Dryaszeit vertreten und kann bis in die Jüngere Dryas verfolgt werden. Möglicherweise hängt der verspätete Nachweis mit langsamerer Wanderungsgeschwindigkeit zusammen. Während des Atlantikums erfolgte eine tiefgreifende Veränderung der Wasserflora durch die Einwanderung von *Myriophyllum spicatum* und verschiedener Schwimmblattpflanzen wie *Nuphar, Nymphaea* und *Trapa natans*. Ihre Ansiedlung wird durch die Klimaverbesserung der postglazialen Wärmezeit möglich. Ihre meso-eutrophen Ansprüche an den Nährstoffgehalt des Sees lassen an einen Wandel der Nährstoffbedingungen denken, der sich nachteilig auf die bisherige oligotrophe Seevegetation auswirkte. Erhöhter Konkurrenzdruck und erschwerte ökologische Bedingungen, etwa die Beschattung submerser Rasen durch die Schwimmblätter müssen ebenso herangezogen werden, wenn man Gründe für den Vegetationswandel sucht. Die mögliche Reaktion von *Isoëtes setaceum* durch veränderte edaphische Bedingungen wurde schon erwähnt. *Ceratophyllum demersum*, von FIRBAS et al. (1948) im Präboreal und Boreal erneut durch Früchtchen nachgewiesen, stellt ebenso erhöhte Nährstoffansprüche und benötigt wärmere Sommertemperaturen. Ökologische Untersuchungen über die Keimungsfähigkeit von *Trapa natans*-Früchten - mittlere Dezembertemperaturen von $1,5^{\circ}$-10° C - lassen an erhöhte Wintertemperaturen denken (ELLENBERG 1963). Pflanzengeographisch wichtig ist der Samenfund von *Nuphar pumilum*. Hiervon könnte sich bei gleichzeitiger Einwanderung von *Nuphar lutea* aus der Rheinebene am Sewensee die hybridogene Art *Nuphar intermedia* entwickelt haben, die in jüngster Zeit noch für den Sewensee belegt war. Die wärmezeitliche Flora wandelt sich an der Wende Subboreal/Subatlantikum zum heutigen Bild. Von der nordisch-subatlantischen Glazialflora des Sewensees hat nur *Myriophyllum alterniflorum* bis zur Gegenwart überdauert.

5.2 Verlandung und Seespiegelveränderungen.

Der Verlandungsbeginn und das Aufhören einer bestehenden Wasseroberfläche kann im Pollendiagramm durch folgende Kriterien aufgezeigt werden:

1. Der Wechsel zwischen limnischen Sedimenten und terrestrischen Torfen wie Schilf-, Bruch- oder Cyperaceentorf.
2. Beginn erhöhter NBP-Werten, die auf die Bildung einer Verlandungszone hindeuten.
3. Auftauchen von Verlandungszeigern wie *Menyanthes, Sparganium/Typha angustifolia* - Typ,*Drosera, Thelypteris* - Typ, Gehölze wie *Alnus, Frangula alnus (Rhamnus frangula)*.
4. Geringer werdende Pollenfunde von Wasserpflanzen.

Seespiegelschwankungen, eine weitere einschneidende Veränderung im Seegefüge, lassen sich durch folgende Kriterien erkennen:

1. Scharfer und übergangsloser Wechsel im Sedimenttyp.
2. Abfolge verschiedener Sedimenttypen ohne genetischen Bezug zueinander.
3. Schichtlücken im Vergleich zweier Pollendiagramme in gleicher Höhenlage und Mächtigkeit.
4. Plötzliche Verbreitung von Pollentypen ohne vorhergehende Anbahnung durch geringe Pollenwerte oder als Einzelfunde.

Die Übersicht über die nachgewiesenen Pflanzenreste, die in Vegetationszonen innerhalb der Verlandungsbereiche vorkommen, zeigt Abb. 16. Sie gibt gleichzeitig einen Eindruck vom ersten gehäuften, für verschiedene Uferbereiche des Sees zutreffenden Verlandungsbeginn. Sehr deutlich hebt sich dabei der fehlende Nachweis im Spätglazial heraus. Nur vereinzelte Funde wie ein Früchtchen von *Carex rostrata* im Alleröd (FIRBAS 1948) oder Pollenfunde von *Typha angustifolia/Sparganium* und ein unbestimmter Teil der *Cyperaceae*- und *Gramineae*-Pollen erlauben die Vermutung einer schmalen, schwach entwickelten Verlandungszone im Spätglazial. Dieser Befund fügt sich in die Klassifizierung eines oligotrophen Seetyps ein. Die im Postglazial beginnende Zulandung beginnt über eine ausgeprägte

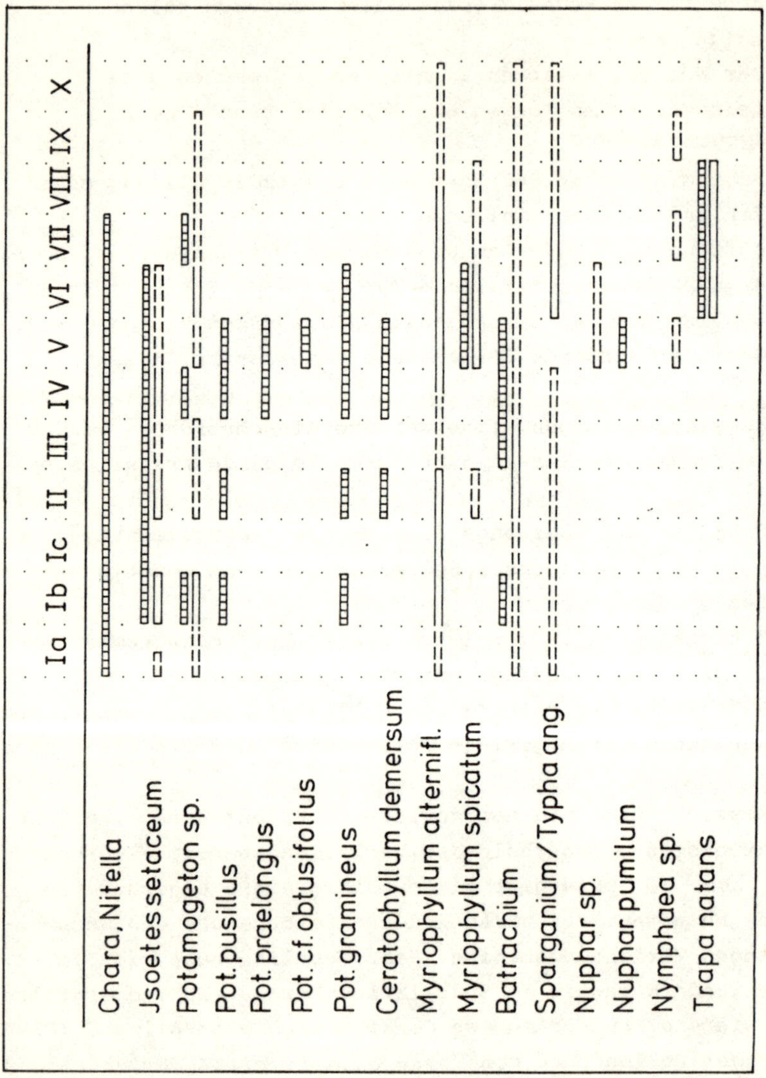

Abb. 15: Übersicht und zeitliches Auftreten der nachgewiesenen Wasserpflanzen. (Legende vgl. Abb. 16)

90

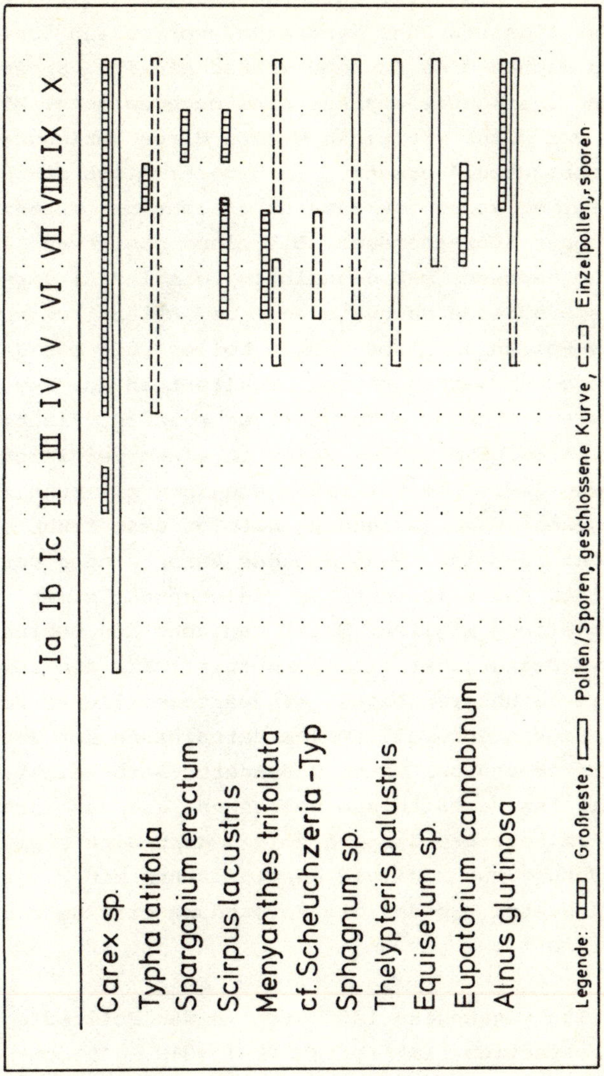

Abb. 16: Übersicht und zeitliches Auftreten der nachgewiesenen Verlandungszeiger.

Röhrichtzone mit *Typha latifolia* und *Phragmites*, in der wärme-
zeitlich auch schon *Scirpus lacustris* vorkam. Die Röhrichtzone kann durch ein Seggenried ersetzt gewesen sein.Großrest-
funde von *Carex rostrata*, *Carex pseudocyperus* (FIRBAS 1948),
Eleocharis palustris oder *Equisetum*, vermutlich *Equisetum
fluviatile* machen eine Annahme wahrscheinlich. *Sparganium
erectum* und *Sparganium emersum* sind nachgewiesen. Mit der Einwanderung von *Alnus glutinosa* werden diese Verlandungszonen
durch Erlenbruchwald ersetzt, in dem reichlich *Thelypteris*
vorkam. Die Verlandungssukzession gleicht der rezenten Zonie-
rung eutropher Süßwasserseen. Mit einem positiven Nährstoff-
haushalt am Sewensee muß deshalb im Postglazial gerechnet werden. Der sporadische Nachweis seit dem Atlantikum von
Menyanthes-Pollen und Samen sowie Pollen, die als *Scheuchzeria*-
Typ angesprochen werden können, schließt an das heutige Zwi-
schenmoorstadium und die Verbreitung rezenter Flachmoorvege-
tation an. TEUNISSEN (1973) zeigt in einem Vergleich die zeitliche Abhängigkeit des Verlandungsbeginns mit zunehmender Höhe
in den Vogesen. Eine Verlandung erfolgt umso früher, je höher
die Lage des Sees ist. Wenn man das Verschwinden der offenen
Wasserflächen als zeitlichen Vergleichspunkt nimmt, ist eine
solche Einteilung möglich. Setzt man aber den Beginn der Verlandung als Bezugspunkt ein, dann trifft für den Sewensee,
ähnlich wie in höheren Lagen, ein wärmezeitliches Verlandungs-
datum zu. Eine solche allgemeine Betrachtung der Verlandungs-
phasen darf jedoch nur unter besonderer Berücksichtigung der
topographischen Verhältnisse geschehen. Wie das Nordufer des
Sewensees im heutigen Zustand zeigt, kann eine steil abfallen-
de Uferböschung nur minimale Ansatzflächen einer Verlandungsvegetation bieten, so daß die Verlandung erst sehr spät und
langsam einsetzt.

Der Verlandungsbeginn läßt sich in den Pollendiagrammen
zeitlich festsetzen. Im Profil SIV-1 (210 - 190 cm) beginnt
die Verlandung mit einem deutlichen Gipfel der NBP-Werte als
Anzeichen der sich ausbildenden Seggen- und Röhrichtzone.
Wasserpflanzen lassen sich nicht mehr nachweisen, ein *Alnus
glutinosa*-Bruchwald schließt die Sukzessionsreihe ab. Die Verlandung dieser Bohrstelle ist in der oberen Hälfte des Jünge-

ren Atlantikums beendet. Das am Nordufer liegende Profil SIV-
6 (190 - 210 cm) verlandet mit gleicher Sukzessionsreihe erst
in der Mitte des Subboreals, im Profil SIV-3 findet die Verlandung Wende Subboreal/Subatlantikum statt. Der Vergleich
zeigt die fortschreitende Seeverlandung zur Mitte zu. Auffällig ist die Lage des Sedimentsübergangs Mudde/Bruchtorf bei
allen drei Profilen. Die gegenüber dem heutigen Seeniveau um
ca. 2 m tiefere Lage der damaligen Verlandungszonen läßt keine
andere Deutung als eine Veränderung der Seespiegelhöhe zu. Sie
muß mindestens im Jüngeren Atlantikum begonnen oder schon be-
standen haben und dauerte bis zur Wende Subboreal/Subatlantikum.
War nämlich das tiefe Seeniveau, das zur Verlandung und Bildung
eines Bruchwaldes führte, schon immer in dieser tieferen Lage,
dann führt nur ein Anstieg der Seespiegelhöhe durch verstärkten Wasserzufluß nach stärkeren Niederschlägen zum heutigen
Bild. Es müßte also eine feuchtere Klimaphase gefolgt sein.
Die zweite Möglichkeit wäre der umgekehrte Weg. Falls das frühere Seeniveau vor dem Jüngeren Atlantikum und dem Subboreal
höher als die Lage der bei SIV gebildeten Bruchtorf war, dann
kann nur eine Seespiegelschwankung zum ermittelten stratigraphischen Bild führen. Eine Phase geringerer Niederschläge oder
höherer Verdunstung mittels gesteigerter Temperaturen könnte
diesen Ablauf auslösen. Die Absenkung des Seespiegels führt
immer zum Freiwerden neuer Uferzonen, die Möglichkeit terre-
strischer Sedimentation wäre gegeben, oder sie führt zur Erosion
der ehemals überfluteten Seeablagerungen. Werden solche Stellen
wieder vom See überdeckt und die Sedimentation beginnt erneut,
dann ergibt sich an dieser Stelle eine anormale Sedimentfolge
und im pollenanalytischen Vergleich mit ungestörten Schichten
eine Schichtlücke. Dieser Zustand ist in den Profilen SII-3
und TI-4 klar zu erkennen. Die erkannte tiefe Lage eines ehemaligen Niveaus muß demnach durch Seespiegelschwankung entstanden sein. Eine klimatische Deutung bereitet Schwierigkeiten wegen fehlender Kenntnis des genauen zeitlichen Beginns der
Absenkung. Außerdem darf die Möglichkeit der veränderten Höhe
der Abflußschwelle nicht vergessen werden.

An anderen Seen sind Seespiegelschwankungen ebenfalls nach-
gewiesen. Für das benachbarte Moor von Urbès beschreibt OBER-
DORFER (1937) eine Absenkung um ca. 2 m. Den Wiederanstieg der
Seespiegelhöhe sieht er in der Feuchtigkeitszunahme des Atlan-

tikums, ähnlich wie es schon am Schluchsee (OBERDORFER 1931)
festzustellen war. Auch am Urseemoor läßt die tiefere Lage des
Bruchtorfes einen ehemals niedrigen Wasserspiegel des Ursees
erkennen (LANG 1971).

Die im Querprofil SVIII zwischengeschalteten Sandschichten
sind in ihrem Auftreten in den einzelnen Profilen nicht zu
synchronisieren und eventuell verändertem und verstärktem Abfluß der umgebenden Hänge zuzuordnen. Wahrscheinlich handelt
es sich um Ablagerungen des zuströmenden Seebaches. Eine pollenanalytische Datierung dieser jungen Einschwemmungen ist
mit Einzelproben nicht möglich. Sie könnte nur in Verbindung mit
einem vollständigen Pollenprofil gesicherte Ergebnisse bringen.

Innerhalb der Verlandungsabfolge scheint noch eine Beobachtung wichtig. Vergleicht man in den drei Längsprofilen die
Linie des letzten pollenanalytischen Nachweises einer Wasserflora, dann stellt man im Längsprofil TII eine um ca. 1,5o m
höhere Lage der Linie fest. Zum Nord- und Südufer hin fallen
die Nachweise in tiefere Lagen ab. Sie liegen pollenanalytisch
in den Außenbereichen in älteren Schichten. Für die Verlan-
dungsgeschichte des Sees bedeutet dies ein paralleles Vorrücken
der Verlandungszonen im Bereich unterhalb des Sees zur ehemaligen Seemitte hin. Als Nahtstelle beider Komplexe kann in
seiner ursprünglichen Anlage der ausfließende rezente Seebach
gelten.

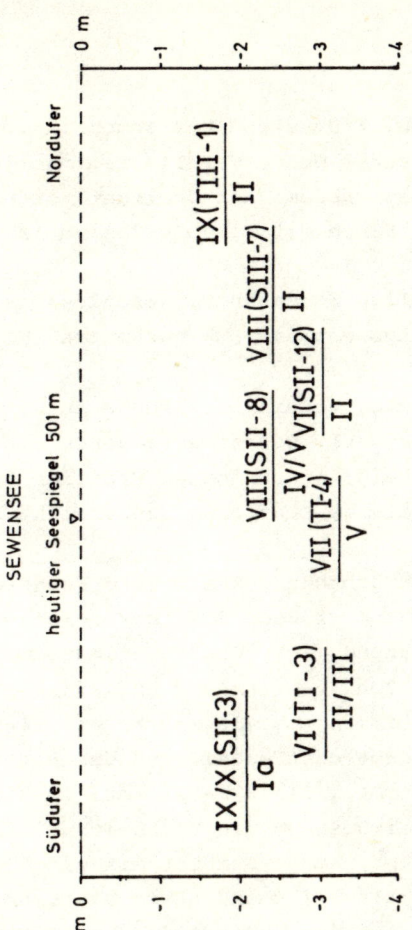

Abb. 17: Lage der nachgewiesenen Hiaten in Abhängigkeit zum
heutigen Seespiegel. Die Pollenzonen oberhalb geben den Zeitpunkt des Wiederanstiegs des Seespiegels bzw. der Verlandung wieder. Die Pollenzonen
unterhalb erlauben keine Aussage zum zeitlichen Beginn von Seespiegelschwankungen. Die ufernahen Profile S II-3 und T III-1 deuten jedoch die ehemaligen Ausdehnungen des spätglazialen Sewensees wieder.

Florenliste

Gehölze:

Abies alba. Pollen: Früheste Funde schon im V., Beginn der
geschlossenen Kurve Wende VI/VII, rationelle Pollengrenze
in IX, aber dort subdominant-dominant vertreten. 3 Nadeln
in IX und X. 2 Samen mit Flügeln Beginn IX und X. 1 Spaltöffnung in VIII.

Acer. Pollen in allen Zonen ab V, geschlossene Pollenkurve in
Hauptverbreitungszeit des EMW vorhanden, Höchstwerte bis
2 %.

Alnus. Pollen: Erste, vereinzelte Funde in V, empirische Pollengrenze Wende V/VI. Höchstwerte gehen mit der lokalen Seeverlandung überein, in randnahen Profilen früher und stärker vertreten als im zentralen Seebereich, Höchstwerte bis
60 %.

Alnus glutinosa. Früchtchen: Zahlreiche Funde ab VII/VIII.
Sie entstammen zum größten Teil der zwischenzeitlich gebildeten Bruchwaldzone (vgl. Großrestdiagramme). Vergleich mit
Rezentmaterial von *Alnus incana* und *Alnus glutinosa* ergab
immer Übereinstimmung mit letzterer Art.-Zweige wurden auf
Grund der Rindenbeschaffenheit und der Blattnarben als *Alnus
glutinosa* bestimmt (VIII-X).-Blätter: Im hinteren Teil des
Verlandungsbereiches, wo die Verbreitung der allochthonen
Sedimente beginnt, waren Blätter mit den Ablagerungen eingeschwemmt, z.T. als 5-7 cm mächtige Blattpakete, Rezentver-
gleichung nach Art der Verzweigung und Blattform (IX, X).

Betula. Pollen: im Spätglazial ab Ia vorhanden, Maximum Mitte
II (52 %), stammen nach Analyse der Großreste von *Betula
nana* und den Baumbirken *Betula pubescens* und *Betula pendula*.-
Nicht näher bestimmbare Fruchtschuppen und Früchtchen in
Ia-VI.

Betula nana. 4 Fruchtschuppen in Ib, 8 Früchtchen in Ia-II.

Betula pendula.   23 Fruchtschuppen in Ia-IV.-31 Früchtchen
mit Flügeln in Ia-VI.

Betula pubescens. 1 Fruchtschuppen in Ia-V.-21 Früchtchen mit
Flügeln in Ia-IV.

Buxus sempervirens. Pollen: insgesamt 4 Pollenkörner, 1 Fund
in V und VII, 2 Funde in VIII, Bestimmung nach Vergleich
mit Rezentmaterial.

Carpinus betulus. Pollen in geringen Werten (bis 3 %) ab IX.
Einzelfunde ab VIII.

Castanea sativa. Einzelne Pollen ab IX.

Cornus sanguinea. Pollen: Einzelfunde in V, VIII - X.
-1 Frucht in VII, Bestimmung nach Literatur und Rezentvergleich.

Corylus avellana. Pollen ab IV in allen Abschnitten, Höchstwerte
in V mit 72 %. 9 Nüsse in VI (Abb. 17), VIII und IX.

Daphne. Einzelpollen in IX.

Ephedra distachya. 11 Pollenkörner in Ia-III/IV. 1 Pollenkorn
in VI/VII (SI-3, 875 cm).

Ephedra fragilis. 6 Pollenkörner in I-III.

Euonymus. Einzelpollen in VIII-X.

Fagus sylvatica. Pollen in V und VI, geschlossene Pollenkurve
ab VIII, Höchstwerte in VIII (60 %).-34 Cupulae-Funde in VII-
X, 3 Funde schon in VI bei Pollenwerten von 10 %.-1 Bucheckern-
nuß im Profil SVIII-4 270 cm.-4 Blätter im Profil SV III-2
935 cm.

Fraxinus. Pollen ab IV in allen Abschnitten, Werte über 10 %.

Hedera helix. Pollen: in Zonen V-IX, größere Häufigkeit der
Funde in V-VII.

Hippophaë. Einzelfunde in Ia-IV, je ein Pollenkorn in V und VII.

Humulus/Cannabis Typ. Einzelpollen in IX und X.

Ilex aquifolium. Je ein Pollenkorn in IX und X, bemerkenswert
ist der späte Nachweis dieser atlantisch-submediterranen Art
am Sewensee, in benachbarten Profilen am Ballon de Servance
findet sich *Ilex* schon in V ein.

Juglans. Pollenfunde in geringen Werten in IX und X.

Juniperus. Pollen: in geschlossener Pollenkurve in Ia-II,
Höchstwerte (23 %) in Ib c, ab dem Spätglazial vereinzelt
in allen Abschnitten-Spaltöffnungen in Ib , 1 Spaltöffnung
in Ic.

Larix. Einzelne Pollen in Ib c, III, IV, VIII und X.

Ligustrum. Einzelne Pollen in V, VI, 1 Pollenkorn in X, nach
Rezentvergleich ergab sich die größte Übereinstimmung mit
Ligustrum.

Picea abies. Regelmäßige Einzelpollen ab V, ab VII Zunahme der
Werte bis 2 %, Höchstwerte in jüngsten Proben von X (7 %).

Pinus. Pollen: in allen Abschnitten vorhanden, Höchstwerte in
   II und IV (70 % bzw. 85 %), einzelne Pollenfunde lagen im
   Bereich von *Pinus cembra*.-Spaltöffnungen ab II bis V nach-
   gewiesen-Nadeln: 11 Stck. in IV und V, paarweise mit Kurz-
   trieb, Artbestimmung   nach Nadelquer-
   schnitten nicht möglich.-Zapfen: 3 Stck., s.Text S.63-
   1 Samen in II.
Populus. Einzelpollen in VIII, IX und X.
Quercus. Pollen:ab IV in allen Abschnitten, Hauptverbreitung
   während der Wärmezeit (22 %).
Rhamnus frangula. (*Frangula alnus*). Pollen: Erste Pollenfunde
   in II, dann in allen Abschnitten ab V, im Bruch und Cypera-
   ceentorf mit erhöhten Werten vertreten.-5 Samenfunde in
   VII, VIII und X.
Rubus caesius. 8 Steinkerne in VII-X, Bestimmung nach Größe,
   Anordnung der Gruben und Rezentvergleich.
Rubus idaeus. 5 Steinkerne in IX-X.-In den Großrestdiagrammen
   als *Rubus* ssp. zusammengefaßt.
Salix. Pollen in geringen Prozentwerten in allen Abschnitten.
Sambucus. Einzelpollen in allen Abschnitten ab VI.
Sambucus ebulus. 2 Samen in VII, 1 Samen in IX. Bestimmung nach
   Rezentvergleich.
Sambucus racemosa. Je 1 Samen in VII, VIII, IX. Bestimmung
   nach rezentem Material und Vergleich mit *S. ebulus*.
Tilia. Pollen ab IV in allen Abschnitten.-Blüte: in VII, Rest
   einer Blüte mit 2 Kelchblättern, 5 Blütenblättern und
   Staubgefäßen.
Tilia platyphyllos. 2 Nußfunde in VII, Bestimmung nach Rezent-
   vergleich, hervortretende Kanten der Fossilfunde.
Ulmus. Einzelpollen in Ic und II, geschlossene Pollenkurve
   in allen Abschnitten ab IV.-1 Knospenschuppe in VIII,
   zweizeilige Anordnung der Knospenschuppen.
Viburnum. 2 Pollenfunde in VII.
Viscum. Einzelpollen in V-VIII. Das gleichzeitige Auftreten
   mit dem EMW könnte für *Viscum album* L. sprechen.
Vitis. Einzelne Pollenkörner in V und X .

Krautige Pflanzen:

Alisma. 1 Pollenkorn in X, nach Vergleich mit rezentem
Material ließ sich die größte Übereinstimmung mit *Alisma*
erzielen, dieser Pollentyp ist auch aus benachbarten Profilen belegt.

Allium. 1 Pollenkorn aus einer Datierungsprobe von SIII/5 in
IX.

Artemisia. Pollen: im Spätglazial mit Höchstwerten (22 %),
geschlossene Kurve bis VI, Einzelfunde in den übrigen Abschnitten.

Athyrium filix-femina. Sporen in allen Diagrammabschnitten.
Der überwiegende Teil der Sporen von *Athyrium* lassen sich
dieser Art zuordnen.

Athyrium cf. alpestre. 3 Sporen in IX, nach Durchsicht des
rezenten Vergleichsmaterials dieser Gattung dürften die
3 Sporenfunde hierher gehören.

Abtrachium. Pollen: vereinzelte Funde in allen Abschnitten-8
Früchtchen in Ia, Ib c, III und IV, eindeutige Bestimmung
durch deutlich ausgeprägte Querrunzeln.

Boraginaceae. 2 Pollenfunde in II und III.

Botrychium lunaria. Einzelne Sporen in I, II und III.

Calluna vulgaris. Vereinzelte Pollen in II, IV und X.

Caltha palustris. Pollen: in den obersten Proben von X
häuften sich Pollen, die nach Rezentvergleich *Caltha palustris* zuzuordnen sind. Möglicherweise befinden sich in
älteren Abschnitten Pollen des gleichen Typs. Erst das ge-
häufte Auftreten gab den Anlaß diesen Typ seperat aufzu-
führen.-1 Samen in VII.

Calystegia. 4 Pollenfunde in VII, 2 Pollen in X.

Campanula. Vereinzelte Pollen in I-IX.

Carex. Pollen in allen Abschnitten. Früchtchen ab III in allen
Abschnitten, 38 Stck. dreikantige Innenfrüchtchen der Sect.
Eucarex und 18 Stck. abgeflachte Innenfrüchtchen der Sect.
Vignea, in den Großrestdiagrammen zu *Carex ssp.* zusammenge-
faßt.-5 Schlauchreste ohne Innenfrüchte, nicht bestimmbar.

Carex echinata. 1 Schlauch mit Innenfrucht, am Schnabel Teil-
zahnung erkennbar.

Carex flava. 1 Schlauch mit Innenfrucht und schräg ange-
setztem Schnabel.

Carex fusca. 8 Früchtchen mit Schlauch in X.

Carex pseudocyperus L. 1 Schlauch mit Innenfrucht in VII. Rezentvergleich.

Carex rostrata. 6 Früchtchen mit Schlauch in VII - IX.

Caryophyllaceae. Pollen in allen Abschnitten.

Centaurea cyanus. Einzelpollen in III, IV, VIII und X.

Centaurea jacea. Einzelpollen in V und X.

Centaurea montana. Einzelpollen in V, IX, X. Nach WILMANNS (1973) kommt diese Art auch in Wiesen in Tallagen vor, die in Verbindung mit den Hochgrasfluren stehen.

Centaurea scabiosa. Pollen in Ia, II und V.

Chara. Oogonien: Zahlreiche Funde (bis 100 Stck. pro Probe) in Ia bis VIII, kenntlich durch mehr als 10 Windungen und schwarze Farbe.

Chenopodiacea. Pollen in allen Abschnitten, Höchstwerte in Ia.

Circaea. Einzelne Pollen in X, Pollengröße kleiner als 50

Comarum palustre. 1 Same in IX.

Compositae. 1 Frucht in V, eine sichere Bestimmung gelang nicht, verschiedene Merkmale sprechen für eine *Senecio*-Frucht.

Compositae Lig. Pollenfunde in allen Abschnitten.

Compositae Tub. Pollenfunde in allen Abschnitten.

Cyperaceae. Pollen in allen Abschnitten, es dürfte sich zum überwiegenden Teil um *Carex*-Pollen handeln.

Cystopteris. Sporen dieses Typs in Ia, II und VI, die Ähnlichkeit der Sporen mit *Thelypteris* forderte eine Überprüfung dieser Sporen mit rezentem Vergleichsmaterial, eine Zuordnung geschah erst nach Übereinstimmung mit dem Vergleichspräparat.

Dianthus. 1 Pollenfund in II.

Drosera. 1 Tetrade in X.

Dryopteris filix-mas. Sporen in allen Abschnitten.

Dryopteris cf.dilatata. 1 Spore in X, Zuordnung nach Größe und Rezentvergleich.

Eleocharis. 1 Früchtchen ohne vollständigen Griffelrest bei TII-1 in X.

Eleocharis palustris. 1 Früchtchen in V, deutlicher Griffelrest vorhanden, dieser höher als breit.

Empetrum. Einzelne Tetraden in V, VI, VIII und X.

Epilobium. Einzelne Pollen (größer als 50 μ) in allen Abschnitten.

Equisetum. Sporen: Einzelfunde in Ia-VI, geschlossene Kurven
ab VII in allen Abschnitten, Höchstwerte bei 14 %.

Eupatorium cannabinum. 11 Früchtchen in VII und VIII,
kenntlich durch die ebenen Flächen zwischen den schwach
vorstehenden Rippen.

Fagopyrum. 3 Pollenfunde in siedlungsgeschichtlicher Zeit, X.

Filipendula ulmaria. Pollen: in allen Abschnitten
ab II vertreten. 7 Früchtchen in VII, je 1 Früchtchen in
III, IV und X.

Gentiana. Ein Pollenfund in II und V.

Geranium. Einzelpollen in Ib, II, IV, V und X.

Getreide-Typ. 1 Pollenfund in IV, Einzelfunde in IX,
ampirische Pollengrenze in X.

Gramineae. Pollen in allen Abschnitten.

Gypsophila. Einzelpollen in Ia.

Helianthemum. Geschlossene Kurve mit Höchstwerten bis 3 % in I.
Einzelfunde in II-IV.

Heracleum sphondylium. 1 Teilfrucht in II.

Hypericum. Einzelpollen in IV, VI, VII und IX.

Isoëtes setaceum. Mikrosporen; geschlossene Kurven in I-VI,
Höchstwerte in II bei 15 %, Einzelfunde bis VIII. Makrosporen bis VI nachweisbar, Bestachelung fein, dicht.

Jasione. 2 Pollenfunde in V und VIII, Pollenkorndurchm. kleiner als 25μ.

Juncus. 48 Samen in V-X

Knoutia. Einzelpollen in IV-VIII und X.

Labiatae. Pollen in allen Abschnitten.

Liliaceae. Einzelpollen V, VI, je 2 Pollenkörner in VIII und IX.

Lycopodium annotinum. 2 Sporen in X.

Lycopodium clavatum. 2 Sporen in IX.

Lycopodium selago. 2 Sporen in IX.

Lysimachia. Einzelne Pollenkörner in V, VI und X.

Lythrum. Pollen in V-X.

Malva. 1 Pollenkorn in IX.

Melandrium. Pollen: 1 Pollenkorn in Ib-1, 1 Same in IX.

Menyanthes trifoliata. Pollen: Einzelpollen ab VI in allen
  Abschnitten. 18 Samenfunde in VI-X.
Myriophyllum alterniflorum. Pollen: Funde in allen Abschnitten, geschlossene Kurve und Hauptverbreitung zwischen
  V und VIII, Höchstwerte bei 6 %.-Blätter: Einzelne Blätt-
  chen mit wechselständigen Fiederabschnitten in VI.
Myriophyllum spicatum. Pollen: in VIII, Hauptverbreitung
  in VI.-Blätter: Fiederabschnitte gegenständig, in V
  und VI.
Myriophyllum cf.verticillatum L. *Myriophyllum*-Pollen mit nur
  3 Poren wurden diesem Typ zugerechnet. Einzelnes Auftreten
  in V, VI und VII.
Nitella. Oogonien: zeitliches Auftreten gleich mit *Chara*, unter-
  scheidbar durch geringere Größe, hellbraune Farbe und 6 - 8
  Windungen, in I-VIII.
Nuphar. Pollenfunde in V-VIII.
Nuphar pumilum. 2 Samenfunde in V und IX.
Nymphaea. Einzelne Pollenfunde in V und IX.
Parnassia palustris. Je zwei Pollenkörner in IX und X.
Pedicularis. 1 Pollenkorn in X.
Plantago alpina. 2 Pollenkörner in X.
Plantago lanceolata. Einzelfunde in Ib c, V-VIII, geschlossene
  Kurve ab IX
Plantago major/media. Einzelfunde in Ia, IX und X.
Pleurospermum. 1 Pollenkorn in Ia und II.
Polygala. 12 Pollenfunde IX.
Polygonum cf.aviculare. 1 Pollenfund in IX.
Polygonum bistorta. Pollen in Ib c, II, III, IV und VII.
Polygonum cf.persicaria. 1 Pollenfund in IX.
Polygonum viviparum. 1 Pollenkorn in III.
Polypodiaceae. Sporen ohne Perispor in allen Abschnitten,
  Höchstwert in randnahen Profilen bei 88 %.
Polypodium vulgare. Sporen ab III in allen Abschnitten.
Polystichum. 1 Spore in VI, Rezentvergleich ergab größte
  Übereinstimmung mit diesem Typ.
Potamogeton. Pollen: geringe Pollenfunde in allen Abschnitten.-
  Steinkerne: 8 Funde, die auf Grund stärkerer Zersetzung
  nicht bestimmt werden konnten.

Potamogeton cf.gramineus. 15 Steinkerne, die in mehreren Merk-
malen mit dieser Art übereinstimmen: Größe 1-2 mm, stark ge-
krümmter Keimling, flache Seiten. Ib, II, IV, VI.

Potamogeton cf.obtusifolius. 1 Steinkern in V, bestimmt nach
vorhandenen Spitzchen an der Bauchnaht und scharfem Kiel.

Potamogeton cf.perfoliatus. 1 Steinkern in VI, die Abgrenzung
zu obiger Art durch eingedrückte, vertiefte Seitenflächen.

Potamogeton praelongus. 11 Steinkerne in IV-VI, gut
bestimmbar durch scharfen Hauptkiel und Seitenkiele.

Potamogeton pusillus. 38 Steinkerne in Ib c, II, IV, IV-V.-
eine nähere Bestimmung nach Unterarten nach AALTO (1970)
wurde nicht vorgenommen.

Potentilla. Einzelpollen in X.

Potentilla erecta. 8 Nüßchen in X.

Primulaceae. Einzelpollen in V und X.

Pteridium. Sporen ab V in allen Abschnitten.

Ranunculaceae. Pollen: in allen Abschnitten vertreten.
13 Früchtchen in IV, 2 Früchtchen in VIII.

Roasceae. Pollen in allen Abschnitten.

Rubiaceae. Pollen im Spätglazial (I-III) in geschlossener
Kurve vorhanden, Einzelfunde in IV, X.

Rumex. Pollen in allen Abschnitten, in I-III und X mit erhöhten Werten vertreten.

Sanguisorba minor. Pollenwerte in II - IV, je ein Pollenkorn
in VII und VIII.

Sanguisorba officinalis. Einzelpollen in II-V.

Saxifraga cf.oppositifolia. 1 Pollenkorn in Ia.

Scabiosa/Succisa. Einzelpollen ab V in allen Abschnitten.

Scheuchzeria. Je ein Pollenkorn in VI, VII, VIII und IX.
Eine vollständige Übereinkunft mit rezentem Material konnte
nicht erzielt werden, die Möglichkeit eines Pollendimorphismus
ist nicht auszuschließen.

Scleranthus. 1 Pollenkorn in Ia und in III.

Scirpus lacustris. Je 1 Früchtchen in VII und X, gut erkennbar
durch 3-kantige Form.

Sedum. 3 Pollenfunde in X.

Selaginella selaginoides. 1 Spore in I.

*Sparganium/Typha ang.*Typ: Pollenkörner in allen Abschnitten.

Sparganium cf.emersum. 1 Frucht in VI, nach Rezentvergleich
wahrscheinlich zu dieser Art.

Sparganium erectum. 1 Frucht(Abb. 15) in X.

Thalictrum. Pollen in Ia-III, Einzelpollen in IV und V.

Thelypteris. Sporen in VI-VIII (Abb.12), es lagen ähnliche
Schwierigkeiten wie bei der Bestimmung von *Cystopteris* vor,
der Rezentvergleich und die Hauptverbreitung innerhalb der
Verlandungsbereiche lassen obige Bestimmung zu.

Trapa natans. Pollen: ab VI bis VIII.-53 Früchte zwischen
VII und VIII.

Trifolium cf.pratense. 2 Pollenkörner in X.

Typha latifolia. Einzelne Pollentetraden in VI-X.-1 Früchtchen
in VIII.

Umbelliferae. Pollen in allen Abschnitten.

Vaccinium. 2 Pollenkörner in X.

Valeriana. Einzelne Pollenfunde in II-V, IX.

Valeriana cf.dioica. Je 1 Pollenfund in VIII, IX, X.

Vicia. 1 Pollenkorn in III und IX.

Zusammenfassung

Der Sewensee (501 m) in den Südvogesen wurde stratigraphisch und pollenanalytisch untersucht. Durch eine monographische Bearbeitung dieses tiefgelegenen Vogesensees sollten Erkenntnisse zur spät- und postglazialen Vegetationsgeschichte, zur glazialgeologischen Situation, zur Entwicklung des Sees und seiner Flora gewonnen werden.

Sondierungen ergeben, daß der ehemalige Seeboden aus drei Teilbereichen besteht. Die beiden vorderen Teilbecken mit einer Tiefe von 15 m sind heute schon verlandet. Das größte beinhaltet den heutigen Restsee mit einer Tiefe von 12 m.

Die Erörterung der Gletscherstände lassen einen Eisrückzug nach dem Titisee-Stadium des Schwarzwaldes erkennen. Oberhalb des Sees liegende Moränen sowie die Diskussion der Kar-Unter= grenze in den Vogesen lassen noch jüngere Zwischenstände vermuten.

Die spätglaziale Vegetationsentwicklung:

Nach einer waldlosen Steppen-Tundrenzeit in der Ältesten Dryas (Ia) beginnt die Wiederbewaldung im Bölling (Ib) mit der Ausbreitung von *Juniperus* und *Hippophaë*. Der Klimarückschlag der Älteren Dryas (Ic) kann vermutet werden, weitere Untersuchungen sind jedoch zur Sicherung notwendig. Das Alleröd (II) mit Birken-Kiefern und Kiefernwald wird durch den Nachweis des dunkelgrauen Laacher Bimstuff gesichert. Deutlich ist der Klimarückschlag der Jüngeren Dryas (III) zu erkennen, der zu einer Auflichtung der Wälder und Absenkung der Waldgrenze am Sewensee führte.
Die Wasservegetation im Spätglazial besteht aus Characeen, *Isoëtes setaceum* und *Potamogeton* .

Die postglaziale Waldentwicklung:

Die postglaziale Waldentwicklung verläuft in der bekannten
Abfolge von Hasel-EMW Zeit (V-VII) und Buchen-Tannenzeit
(VIII-X). Bemerkenswert sind frühe Funde von *Buxus* und *Vitis*
im Boreal (V). *Hedera* und *Viscum* sind in ihrer Verbreitung
an die EMW-Zeit geknüpft. *Ilex* taucht am Sewensee erst im
Subboreal (VIII) auf. Frühe Funde von *Fagus* finden sich schon
im Atlantikum (VI). Die Hauptverbreitung von *Fagus* und *Abies*
setzt im Subboreal (VIII) ein.
Die siedlungsgeschichtlichen Funde decken sich mit den
historischen Belegen. Nachweise von *Plantago* und Getreide-
Pollen deuten die beginnende Landnahme im Neolithikum an, die
Erschließung der Vogesen im 7. Jhdt. ist durch den deutlichen
Anstieg der Kulturzeiger dokumentiert.

Die oligotrophe Wasserflora des spätglazialen Sewensees
ändert sich im Postglazial. Von den oligotraphenten Arten
bleibt nur *Myriophyllum alterniflorum* übrig. *Isoëtes setaceum*,
Myriophyllum spicatum, *Sparganium angustifolium* werden durch
anspruchsvollere Schwimmblattpflanzen wie *Nuphar*, *Nymphaea* und
Trapa natans ersetzt. Ab dem Subboreal (VIII) ist diese
Entwicklung, teilweise durch die fortschreitende Verlandung
bedingt, wieder rückläufig. *Nuphar* und *Nymphaea* sind erst in
jüngster Zeit erloschen.

Die Verlandung des Sewensees beginnt erst im Boreal (V) über
einen Röhrichtgürtel mit nachfolgendem Erlenbruchwald.
Während für das Spätglazial eine Maximalausdehnung des Sees
angenommen werden kann, deuten wechselnde Sedimente und fehlende Pollenzonen in den Diagrammen auf eine Absenkung während des
Atlantikums (VI/VII) und im Subboreal (VIII) hin.

Résumé

    Le lac de Sewen (Alt:501 m) dans les Vosges du Sud,
a été décrit par des analyses stratigraphiques et polliniques.
Au travers d'une recherche monographiques sur ce lac de bas
niveau, des connainces sur l'histoire tardi et postglaciaire
de la végétation, sur la situation glaciaire et sur la développement et les changements de la flore lacustre ont
été accumulées.

Des sondages nous permis de constater que l'ancien bassin
du lac se compose de 3 parties. Les 2 parties antérieures,
d'une profondeur de 15m sont aujord'hui recouvertes par
des dépôts alluviaires. La troisième partie, la plus grande,
comprend aujord'hui le lac, dont la profondeur est de
12 mètres. En amont du lac, l'épaisseur de la tourbe croit
très rapidement pour atteindre une trentaine de mètre.

On suppose d'après la position du glacier que celui-ce
s'est retiré après le stade Titisee de la Forêt Noir.
L'examen des moraines en amont du lac ainsi que l'observation
de la limite inférieure des cirques dans les Vosges, laissent
supposer des stades intermédiaires encore plus récents.

L'évolution de la végétation au tardiglaciaire:

Après une phase sans arbres dans le Dryas ancien inférier (Ia),
la recononisation forestière commence dans le Bölling (Ib)
avec l'expansion d'une phase arbustive (*Hippophaë*, *Juniperus*).
Il est permis de supposer une dégradation du climat aus
Dryas ancien supérieur (Ic). D'autres recherches sont
cependant nécéssaires pour en avoir la certitude. L'Alleröd (II)
avec des fôrets de *Betula-Pinus* et *Pinus* se laisse mettre
en évidence par des dépots se cendres volcaniques (dunkel-

grauer Laacher Bimstuff). Le refroidissenent du climat au
Dryas récent (III) se laisse clairement distinguer par le
recul des forêts et par un abaissement de la limite supérieure
de la forêt au lac de Sewen.
La végétation aquatique du tardiglaciaire se compose surtout
de Characées, *Isoëtes setaceum* et *Potamogeton* .

L'évolution de la végétation au postglaciaire:

Le développement des forêts au postglaciaire suit les
étapes connues, (*Corylus*-Chênaie-mixte (V-VII) et *Fagus*-
Abies (VIII-X).
Les découvertes de *Buxus* et *Vitis* dans le Boréal (V) sont
à signaler. *Hedera* et *Viscum* sont liés dans leur répartition
à l'optimum de la Chênaie-mixte. *Ilex* apparait en premier
dans le Subboréal (VIII). Les premières découvertes de
Fagus se situent déjà dans l'Atlantique (VI). La forte
expansion de *Fagus* et de *Abies* commence au début du Subboréal (VIII).
Les découvertes des signes de colonisation coïncident avec
les preuves historiques. Ainsi, les découvertes de *Plantago*
et des pollens de céréales, indiquent le début de la colonisation au Néolithique. L'exploitation et l'aménagement
des Vosges dès le 7ème siècle est documenté par l'apparition
des signes culturels.

La flore aquatique du lac de Sewen, oligotrophe au tardiglaciaire change au postglaciaire.   Les espèces oligo-
trophes , *Isoëtes setaceum* et *Sparganium*, sont remplacés
par des plantes telles *Nuphar*, *Nymphaea* et *Trapa natans*.

Dès le Subboréal (VIII), ce développement, en partie
conditionné par les dépôts alluviaires progressifs, est en
régression à niveau. *Nuphar* et *Nymphaea* disparaissent d'abord,
dans les periodes la plus jeunes.

Les dépôts alluviaires du lac de Sewen commence d'abord au
Boréal (V) avec un manteau de laîches et de joncs, suivi par
une forêt d'*Alnus*.

Alors, que l'on suppose un maximum d'extension du lac
au tardiglaciaire, des hiatus dans les profils polliniques
signalent un abaissement du niveau du lac au cours de
l'Atlantique (VI/VII) et du Subboréal (VIII).

Danksagung

Meinem verehrten Lehrer, Herrn Prof. Dr. G. Lang, Universität Bern, möchte ich für die Anregung zu dieser Untersuchung, die Betreuung und die für den Fortgang der Arbeit wertvollen Diskussionen sowie für die stets gastfreundliche Aufnahme bei Besuchen in Bern herzlich danken. Mein Dank gilt gleichfalls den Mitarbeitern des Systematisch - Geobotanischen Institutes Bern für viele Hinweise bei der Bestimmung schwieriger Pollentypen. Herrn Dr. G. Philippi und Herrn Dr. A. Hölzer, Landessammlungen für Naturkunde in Karlsruhe danke ich für eine Vielzahl von gemeinsamen Gesprächen und das Interesse, das sie der Untersuchung entgegenbrachten. Herrn Dr. A. Hölzer möchte ich besonders für die gemeinsamen Exkursionen im Untersuchungsgebiet und für die Hilfe bei floristischen Fragen danken.
Danken möchte ich der Leitung der Landessammlungen für Naturkunde Karlsruhe für die Bereitstellung von Labor und Arbeitsplatz sowie dem Naturwissenschaftlichen Verein Karlsruhe.
Großer Dank gilt Herrn D. Meier, meinen Freunden aus Jockgrim und nicht zuletzt meiner Frau für die tatkräftige Unterstützung bei den Bohrarbeiten. Für die technische Hilfe bei der Herstellung der Bohrgeräte danke ich meinem Bruder, Herrn B. Schloß.

Literaturverzeichnis

AALTO,M.(1970): Potamogetonaceae fruits I.- Acta Botanica
fennica,88:85S.;Helsinki.

BALDENSBERGER,A.(1925): La faune et la flore planctoniques
des lacs des Hautes Vosges.- Bull.Soc.d'Hist.Natur.
Colmar,172-173;Colmar.

BASTIN,B.(1967): Pflanzengeographisches Problem der offenen
Vegetation Europas während der letzten Eiszeit.-
Ber.Dtsch.Bot.Ges.,80(10):697-704;Stuttgart.

BEAULIEU,J.L. de(1976): Contribution pollenanalytique à
l'histoire tardiglaciaire et holocène de la vegetation
des Alpes méridionales francaises.- Diss.,Marseille.

BEIJERINCK,W.(1976): Zadenatlas der nederlandsche Flora.-
316S.;Amsterdam.

BERGGREN,G.(1969): Atlas of seeds-Cyperaceae.- 68S.;Stockholm.

BEUG,H.J.(1961): Leitfaden der Pollenbestimmung,1.Lief.-
63S.;Stuttgart.

-   (1967): Probleme der Vegetationsgeschichte in Südeuropa.-
Ber.Dtsch.Bot.Ges.,80(10): 682-689;Stuttgart.

BERTSCH,K.(1942): Lehrbuch der Pollenbestimmung.- 10-15;
Stuttgart.

-   (1942): Früchte und Samen.- 247S.;Stuttgart.

BLÜTHGEN,J.(1966): Allgemeine Klimageographie.- 538S.;Berlin.

BORTENSCHLAGER,S.(1968): Pollenanalyse des Gletschereises.-
Grundlegende Fragen zur Pollenanalyse überhaupt.-
Ber.Dtsch.Bot.Ges.,81(11): 491-497;Stuttgart.

CARBIENER,R.(1974): Wald- und Baumgrenze in den Vogesen.-
aus: Tatsachen und Probleme der Grenzen der Vegetation,
Symposion Rinteln 1968.- 219-222;Lehre.

DEECKE,W.(1890): Glazialerscheinungen im Dollertal.- Mitt.
Kom.Geolog.Landesuntersuch.Elsaß-Lothr.,2;Straßburg.

-   (1891): Der Granitstock des Elsäßer Belchens in den
Südvogesen.- Z.Dt.Geol.Ges.,(4);Hannover.

DRESCH,J.(1962): Observation sur les formes glaciaires et
periglaciaires du Ballon d'Alsace, Vosges-France.-
Buil.peryglaz.,11:29-34;Lodz.

DRESCH,J.,ELHAI,H.,DENEFLE-LABOILE,M.(1966): Analyse pollinique de quatre tourbières du Ballon d'Alsace, Vosges.-
C.R.Soc.Biogèographique,376: 78-85;Paris.

DUBOIS,G.(1930): La tourbière du Champ-du-Feu.- Bull.Soc.
Geol.de France,30: 1027-1041;Paris.

- (1938): Les végétations forestières quarternaires dans
le Nord-Est de la France d'après la méthode pollenanalytique
Compt.Rend.Premier Congrès lorrain d.Soc.de l'Est de
la France,: 161-172;Nancy.

EGGERS,E.(1964): Schwarzwald und Vogesen.- 144S.;Braunschweig.

ELLENBERG,H.(1963): Vegetation Mitteleuropas mit den Alpen.-
981S.;Stuttgart.

- (1974): Zeigerwerte der Gefäßpflanzen Mitteleuropas.-
Scripta Geobotanica IX, 97S.;Göttingen.

ERB,L.(1948): Die Geologie des Feldbergs.- aus:MÜLLER,K.: Der
Feldberg im Schwarzwald.: 22-96;Freiburg.

ERDTMAN,G.,PRAGLOWSKI,J.,NILSSON,S.(1963): An Introduction
to a Scandinavian Pollen Flora.- I,II: 92u.84S.;Uppsala.

FAEGRI,K.,IVERSEN,J.(1975): Textbook of Pollen Analysis.-
295S.;Kopenhagen.

FEZER,F.(1957): Eiszeitliche Erscheinungen im nördlichen
Schwarzwald.- Forsch.dt.Landesk.,87: 1-86;Remagen.

- (1971): Zur quartären Formung des Nordschwarzwaldes.-
Jb.u.Mitt.oberrh.geol.Ver., NF 53: 183-194;Stuttgart.

FIRBAS,F.(1949): Spät- und nacheiszeitliche Waldgeschichte
Mitteleuropas nördlich der Alpen.- 1: 480S.;Jena.

- (1952): Spät- und nacheiszeitliche Waldgeschichte Mitteleuropas nördlich der Alpen.- 2:28-34 .;Jena.

FIRBAS,F.,GRÜNIG,G.,WEISCHEDEL,L.,WORZEL,G.(1948): Beiträge
zur spät-und nacheiszeitlichen Vegetationsgeschichte
der Vogesen.- Bibliotheca Botanica, (121): 76S.;Stuttgart.

FRENZEL,B.(1967): Die Klimaschwankungen des Eiszeitalters.-
296S.;Braunschweig.

FREY,C.(1964): Vergleichende Betrachtungen zur Kulturgeographie
der Vogesen und Schwarzwald.- Regio Basiliensis,5:
44-62;Basel.

- (1965): Morphometrische Untersuchungen der Vogesen.-
Ergänzungsheft zu Regio Basiliensis 1965,: 25-126;Basel.

GENIE RURALE HAUT-RHINE.(1963): Amenagement hydraulique de la
    vallee de la Doller. - Site de Sewen. Reconnaissance par
    sondages et prospection geophysique. - Manuskr.;Mulhouse.
GERMAN,R.(1961): Transfluenz des Titiseegletschers. - Ber.
    Naturf.Ges.Freiburg i.Br.,51: 89-94;Freiburg.
GODWIN,H.(1975): The History of the British Flora. -
    541S.;Cambridge.
GROSSE-BRAUCKMANN,G.(1972): Über pflanzliche Makrofossilien
    mitteleuropäischer Torfe.-Telma,2: 19-55;Hannover.
HANDTKE,R.(1978): Eiszeitalter.- 1: 468S.;Thun.
HASERODT,K.,NOLZEN,H.,METZ,B.(1970): Südwest- und Hochvogesen,
    Exkursionsbericht.-Mitt.geograph.Fachschaft Freiburg,
    NF 1: 98-110;Freiburg.
HATT,J.P.(1937): Contribution à l'analyse pollinique des
    tourbières du Nord de la France.- Bull.Service Carte
    Geol.Alsace et Lorraine,5: 1-79;Strasbourg.
HELLWIG,L.(1962): L'utilisation de la nappe phréatique de la
    Doller pour l'alimentation en eau de l'agglomeration
    mulhousienne.-Bull.Soc.industr.,,4;Paris.
HEUBERGER,H.(1968): Die Alpengletscher im Spät- und Post-
    glazial(Eine chronologische Übersicht).-Eiszeitalter
    und Gegenwart,19:270-275;Öhringen.
HOHNECK,le (1963): Aspects physiques biologiques et humains.-
    Bull.l'Ass.phil.d'Alsace et de Lorraine. :185-192;Strasbourg.
ISSLER,E.(1932): Die Buchenwälder der Hochvogesen.-Veröff.
    geobot.Inst.Rübel,(8): 464-489;Zürich.
  - (1942): Vegetationskunde der Vogesen.-Pflanzensoziologie,
    5: 192S.;Jena.
JANSSEN,C.R.(1974): Vogesen Symposion 1974. Geomorphologische,
    bodenkundliche, vegetationskundliche und paläobotanische
    Untersuchung von den Zentralvogesen.-Manuskr.;Wageningen.
  - (1975): Ecologie and palaeo-ecologic studies in the
    Feigne d'Artimont (Vosges).-Vegetatio,30(3): 165-178;
    Den Haag.
JUVIGNE,E.(1977): La zone de dispersion des poussières émises
    par une des dernières eruption du volcan du Laachersee
    (Eifel).-Z.Geomorph.,NF 21(3): 323-342;Berlin.

KATZ,N.J.,KATZ,S.V.,KIPIANI,M.G.(1965): Atlas and keys of
fruits and seeds occuring in the quaternary deposits of
the USSR.-365S.;Moskau.

KRAL,F.(1972): Grundlagen zur Entstehung der Waldgesellschaften
im Ostalpenraum.-Ber.Dtsch.Bot.Ges.,85: 177-178;Stuttgart.

KÜTTEL,M.(1977): Pollenanalytische und geochronologische
Untersuchungen zur Piottino-Schwankung(Jüngere Dryas).-
Boreas,6(3): 259-274;Oslo.

LANG,G.(1952): Späteiszeitliche Pflanzenreste in Südwest-
deutschland.-Beitr.naturk.Forsch.SüdwDtl.,11(2):
89-109;Karlsruhe.

-   (1954): Neue Untersuchungen über die spät- und nacheis-
    zeitliche Vegetationsgeschichte des Schwarzwaldes.
    I.Der Hotzenwald im Südschwarzwald- Beitr.naturk.Forsch.
    SüdwDtl.,13(1): 3-41;Karlsruhe.

-   (1955): Neue Untersuchungen über die spät- und nacheis-
    zeitliche Vegetationsgeschichte des Schwarzwaldes.
    II.Das absolute Alter der Tannenzeit im Südschwarzwald.-
    Beitr.naturk.Forsch.SüdwDtl.,14(1): 24-31;Karlsruhe.

-   (1962): Die spät- und frühpostglaziale Vegetationsent-
    wicklung im Umkreis der Alpen.-Eiszeitalter und Gegen-
    wart,12: 9-17;Öhringen.

-   (1963): Chronologische Probleme der späteiszeitlichen
    Vegetationsentwicklung in Südwestdeutschland und im
    franz.Zentralmassiv.-Pollen et Spores,5(1): 129-142;Paris.

-   (1971): Die Vegetationsgeschichte der Wutachschlucht
    und ihrer Umgebung.- Die Wutach:323-349;Freiburg.

-   (1975): Palynologische, großrestanalytische und paläo-
    limnologische Untersuchungen im Schwarzwald-ein Arbeits-
    programm.-Beitr.naturk.Forsch.SüdwDtl.,34: 201-208;
    Karlsruhe.

LANG,G.,TRAUTMANN,W.(1961): Zur spät- und nacheiszeitlichen
Vegetationsgeschichte der Auvergne(Franz.Zentralmassiv).-
Flora,150(1): 11-42;Jena.

LEGROS,J.(1964): Die Vogesen.- 87-93;Osnabrück.

LÜDI,W.(1958): Beobachtungen über die Besiedlung von Gletschervorfeldern in den Schweizeralpen.-Flora,146: 386-407;Jena.

LÜTTIG,G.,MERKT,J.,SCHNEEKLOTH,H.(1971): Vorschlag zur
  Gliederung und Definition der limnischen Sedimente.-
  Geol.Jb.,89: 608-623;Hannover.

OBERDORFER,E.(1931): Die postglaziale Klima- und Vegetationsgeschichte des Schluchsees(Schwarzwald).-Ber.naturforsch.
  Ges.Freiburg i.Br.,31: 1-85;Freiburg.

-   (1937): Zur spät- und nacheiszeitlichen Vegetationsgeschichte des Oberelsasses und der Vogesen.-Z.f.Botanik,
  30: 513-572;Jena.

-   (1970): Pflanzensoziologische Exkursionsflora.-987S.;
  Stuttgart.

OCHSENBEIN,R.(1969): Observations recentes après de lacs
  des Hautes Vosges.-Bull.l'Assoc.phil.d'Alsace et de Lorraine,
  13(1): 257-272;Strasbourg.

OVERBECK,F.(1958): Pollenanalyse quartärer Bildungen.-
  Handbuch der Mikroskopie in der Technik, 2/3: 347-353;
  Frankfurt.

PATZELT,G.(1972): Die spätglazialen Stadien und postglazialen
  Schwankungen von Ostalpengletschern.-Ber.Dtsch.Bot.Ges.,
  85(1-4): 47-57;Stuttgart.

-   (1974): Spät-und postglaziale Landschaftsentwicklung.
  Unterinntal,Zillertal,Pinzgau,Kitzbühel.- Exkursionsführer.
  Innsbruck.

PFANNENSTIEL,M.(1963): Die rißeiszeitliche Vereisung im Schwarzwald und Vogesen.-Jb.u.Mitt.oberrh.geol.Ver.,NF 45:
  9-13;Stuttgart.

PHILIPPI,G.(1970): Calamogrostis phragmitoides (HARTM.),
  das Purpurreitgras im Schwarzwald und in den Vogesen.-
  Beitr.naturk.Forsch.SüdwDtl.,24(2): 1o7-11O;Karlsruhe.

RAHM,G.(1966): Die Vergletscherung des Schwarzwaldes im Vergleich zu derjenigen der Vogesen.- Alemann.Jb.,
  257-271;Bühl.

RASTETTER,V.(1964): La tourbière du Lac de Sewen (Haut-Rhin).
  53-60;Colmar.

-   (1969): Contribution à la flore bryologique du Haut-Rhin.-
  Bull.l'Assoc.phil.d'Alsace et de Lorraine,13(2): 12-19;
  Strasbourg.

-   (1966): Zweiter Beitrag zur Moos-Flora des Ober-Elsaß.-
  Mitt.bad.Landesver.Naturk.u.Naturschutz,NF 9(1): 97-103;

- (1967): Dritter Beitrag zur Moos-Flora des Ober-Elsaß.-
Mitt.bad.Landesver.Naturk.u.Naturschutz,NF 9 (3):
499-507;Freiburg.

REICHELT,G.(1961): Der würmeiszeitliche Ibach-Schwarzenbach-
Gletscher und seine Rückzugsstadien.-Ber.Naturf.Ges.
Freiburg i.Br.,51: 95-108;Freiburg.

REINHARD,E.(1965): Die Siedlungen des Sundgau.-Veröff.Alemann.
Inst.Freiburg i.Br.,20: 203S.;Freiburg.

ROTHER,K.(1971): Die eiszeitliche Vergletscherung der Mittelgebirge.-Geogr.Rundsch.,7: 260-266;Braunschweig.

RUHLAND,M.(1971): Histoire geologique du lac de Sewen, Haut-Rhi
Bull.Soc.Hist.Nat.Colmar,53: 3-8;Colmar.

SCHNEIDER,C.(1970): Compte rendu de la sortie du dimanche
21.6.1970.-Bull.l'Assoc.phil.d'Alsace et de Lorraine,:
34-38; Strasbourg.

SCHREINER,A.(1977): Quartär .- in: Erläuterungen zur Geolo-
gischen Karte von Freiburg im Breisgau und Umgebung
1:50000.- 175-199;Stuttgart.

SCHUMACHER,E.(1890): Geologische Beobachtungen in den Hochvogesen.-Mitt.Komm.f.d.geol.Landesuntersuchung von
Elsaß-Lothringen,2: 88-92;Straßburg.

- (1909): Übersichtskarte der wichtigsten Glazialbildungen
der südlichen und mittleren Vogesen 1:200000.-
Mitt.Komm.f.d.geol.Landesuntersuchung von Elsaß-Lothringen
6;Straßburg.

SCHWARZBACH,M.(1974): Das Klima der Vorzeit.-380S.;Stuttgart.

SERET,G.(1967): Les systèmes glaciaires du bassin de la
Moselle et leurs enseignement.-Soc.Roy.Belge de Geo-
graphie, 558-560; Bruxelles.

SITTIG,G.(1933): Topographie preglaciaire et topographie
glaciaire dans les Vosges alsaciennes du Sud.-
Ann.d.Geographie,42: 248-265;Paris.

SÖLCH,H.(1915): Beobachtungen über die glaziale Formung
einiger Vogesenseen.-Z.f.Gletscherkunde,9;Berlin.

TEUNISSEN,D.,SCHOONEN,J.M.C.D.(1973): Vegetations- und sedi-
mentationsgeschichtliche Untersuchungen am Grand Etang
bei Gerardmer(Vogesen).-Eiszeitalter und Gegenwart,
23/24: 63-75;Öhringen.

TRANQUILLINI,W.(1974): Cuticuläre Transpiration von Picea abies
    und Pinus cembra-Zweigen aus verschiedener Seehöhe und
    ihre Bedeutung für die winterliche Austrocknung der
    Bäume an der alpinen Waldgrenze.-Centralbl.f.ges.Forst-
    wesen,91(4): 195-211;Wien.
TRAUTMANN,W.(1953): Zur Unterscheidung fossiler Spaltöffnungen
    der mitteleuropäischen Coniferen.-Flora,140: 523-533;Jena.
USINGER,H.(1975): Pollenanalytische und stratigraphische
    Untersuchungen an zwei Spätglazial-Vorkommen in Schleswig-
    Holstein und Hamburg.-Mitt.d.AG Geobotanik in Schleswig-
    Holstein und Hamburg,(25): 147-148;Kiel.
WAGENITZ,G.(1955): Pollenmorphologie und Systematik in der
    Gattung CentaureaL.s.l..-Flora,142: 213-274;Jena.
  -   (1956): Pollenmorphologie der mitteleuropäischen
    Valerianaceen.-Flora,143: 473-485;Jena.
WEGMÜLLER,S.(1965): Der Nachweis des fossilen Pollens von
    Buxus sempervirens L.-Ber.Schweiz.Bot.Ges.,75:
    297-302;Zürich.
  -   (1966): Über die spät- und postglaziale Vegetations-
    geschichte des südwestlichen Jura.-Beitr.Geobot.Landes-
    aufnahme d.Schweiz,(48): 51-143;Bern.
  -   (1977): Pollenanalytische Untersuchungen zur spät- und
    postglazialen Vegetationsgeschichte der französischen
    Alpen (Dauphiné).-185S.;Bern.
WELTEN,M.(1957): Über das glaziale und spätglaziale Vorkommen
    von Ephedra am nordwestlichen Alpenrand.-Ber.Schweiz.
    Bot.Ges.,67: 33-54;Zürich.
  -   (1972): Das Spätglazial im nördlichen Voralpnegebiet
    der Schweiz.-Ber.Dtsch.Bot.Ges.,85(1-4): 69-74;Stuttgart.
WERNER,L.G.(1940): Die Kreise Thann und Gebwiller zur Römer-
    zeit.-Jb.Geschichts-u.Altertumsver.,37-51;Colmar.
WERVEKE,L.v.(1905): Nachweis einiger bisher nicht bekannter
    Moränen zwischen Masmünster und Kirchberg im Doller Tal.-
    Mitt.Komm.f.d.geol.Landesuntersuchung von Elsaß-Lothringen,
    5: 47-53;Straßburg.
WILMANNS,O.(1973): Ökologische Pflanzensoziologie.-
    288S.;Heidelberg.
WOILLARD,G.(1975): Recherches palynologiques sur le pleistocène
    dans l'est de la Belgique et dans les Vosges lorraines.-

Acta Geogr.Lovaniensia,14: 117S.;Louvain.

- (1978): The last interglacial-glacial cycle at Grand Pile in the Northeastern France.- Manuskr.,21S.;Louvain.

ZIENERT,A.,FEZER,F.(1967): Vogesen- und Schwarzwaldkare.-
Eiszeitalter und Gegenwart,18: 57-75;Öhringen.

ZOLLER,H.(1956): Die Höhenstufen der Vogesen.-Ber.Schweiz.
Bot.Ges.,66: 342-354;Zürich.

- (1960): Pollenanalytische Untersuchungen zur Vegetationsgeschichte der insubrischen Schweiz.-Schweiz.naturf.Ges.,
83(2): 156S.;Zürich.

Karten:

Carte de France,M 1:25000,Blatt Thann Nr.1-2.
Carte géologique de la France,M 1:80000,Blatt Lure.
Topographische Karte M 1:10000.
Katasterplankarten Gemarkung Sewen M 1:1000,1:2500,1:5000.

Anhang

SÜDSCHWARZWALD (weisser Tuff)

Erlenbruckmoor: LANG (1952)

	%
Augit	85,5
Hornblende	6
Biotit	1,5
Apatit	4,5
Titanit	2,25
Zirkon	0,4

SÜDVOGESEN (dunkelgrauer Tuff)

Frère Joseph: JUVIGNÉ (1977)

	%
Hornblende	58
Augit	29
Titanit	10

Biotit, Zirkon, Apatite ?

Sewensee:

Hornblende (viel), Augit (wenig), Magnetit? Sanidin? Indet.,

(Eine genaue Analyse war wegen störendem Fixier-
mittel nicht möglich, analys. EINFALT, mdl. Mittlg.)

Tab. 5: Vergleich der mineralischen Tuff-Zusammensetzung
von Südschwarzwald und Südvogesen.

Stratigraphische Quer- und Längsprofile

ZEICHENERKLÄRUNG

⊞ Cyperaceentorf		⊞ Cyperaceentorf, stark zersetzt	
▥ Schilftorf		^{v}v Bruchtorf	
⊟ Braunmoostorf		✗✗ Equisetum	
⊠ Grobdetritusmudde		⊠ Feindetritusmudde	
≋ Sphagnumtorf		ㄴㄴ Ton	
⊡ Sand		⊙ Moräne	
⊟ Laacher Bimstuff		▬ Asche-, Brandschicht	
⊿ Holzlage			

-●- Pinus	-O-	Betula	-⊕-	Salix	
-◆- Corylus	-■-	EMW	-□-	Alnus	
-▲- Fagus	-X-	Abies	-△-	Picea	

Anzahl der Großreste   (Großrestdiagramm):

1 - 5
6 - 20
> 20

122

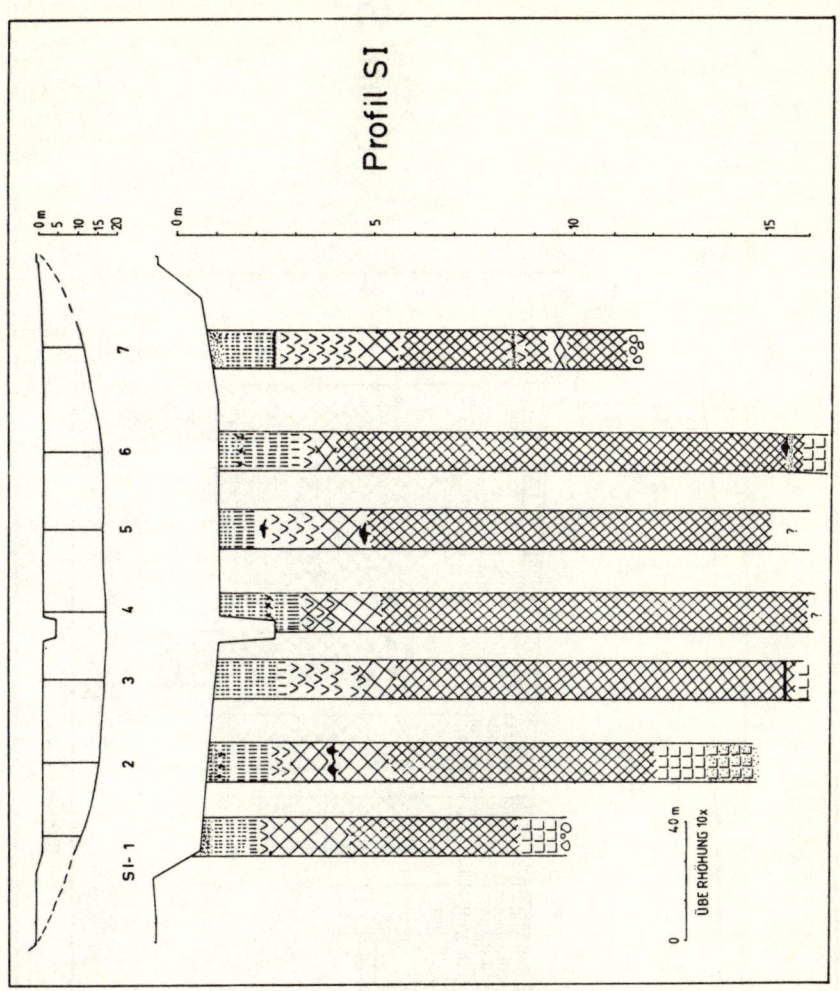

Profil SI

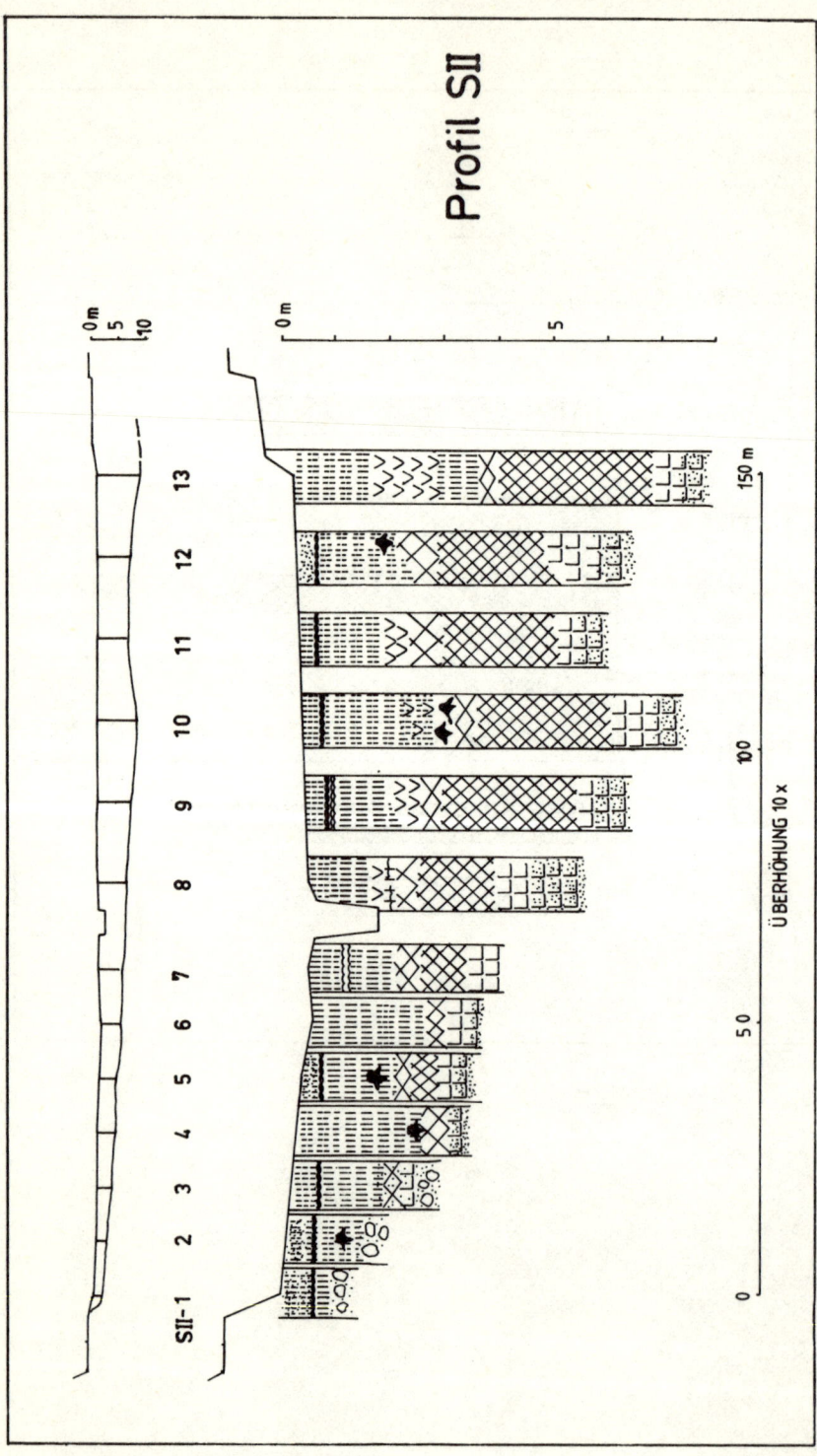

Profil SII

ÜBERHÖHUNG 10 x

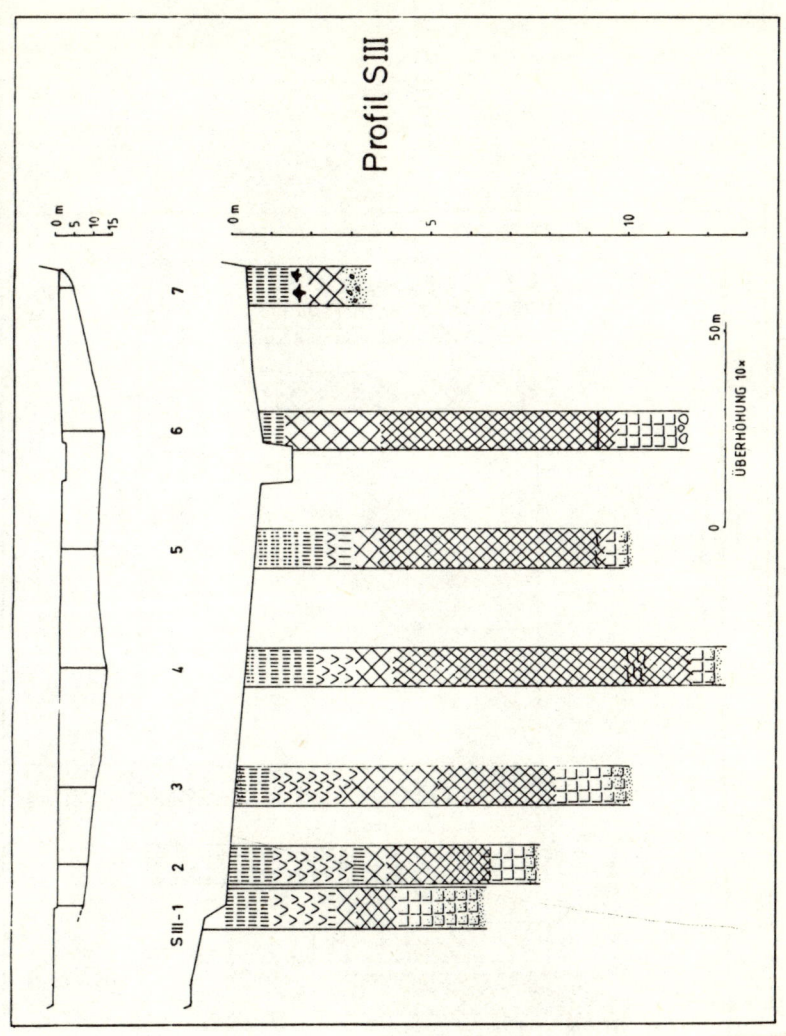

Profil SIII

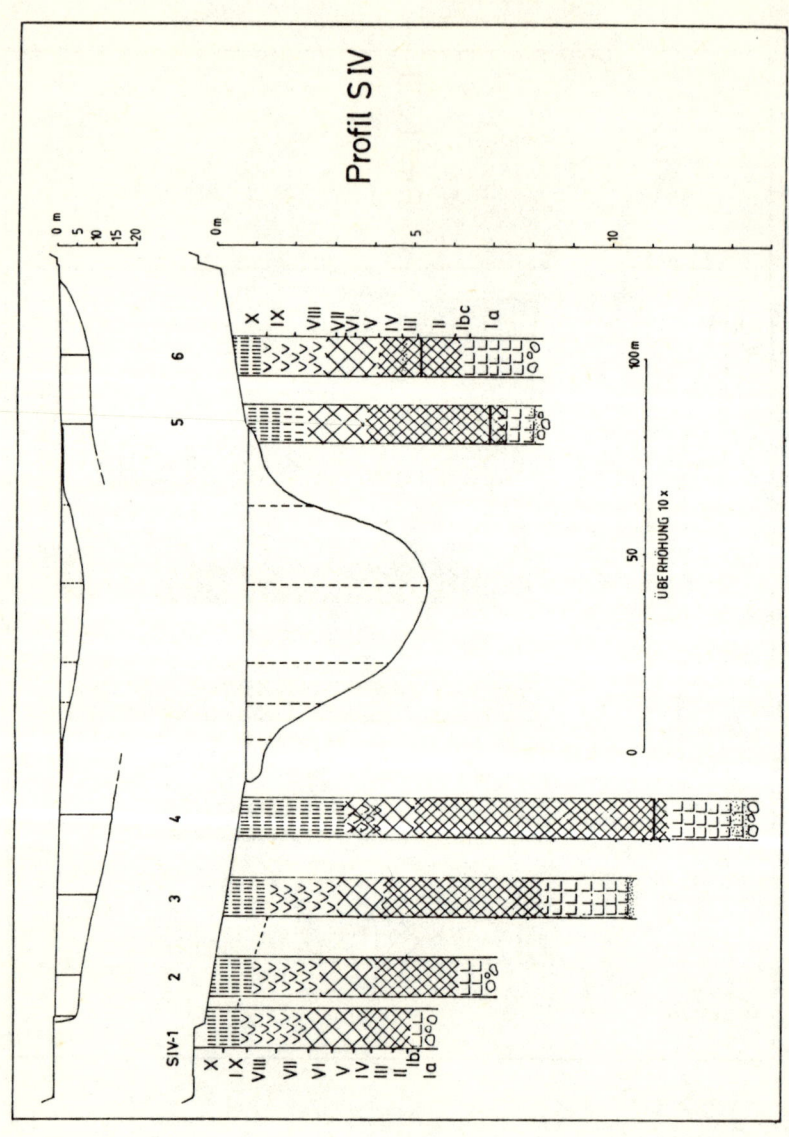

Profil S IV

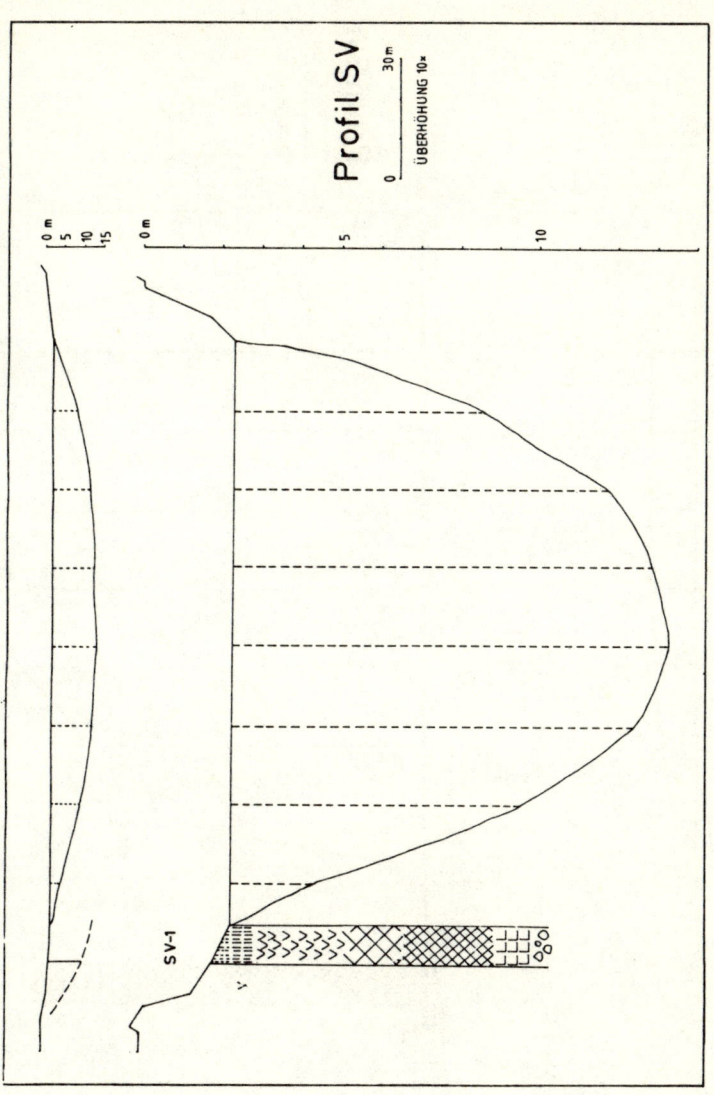

Profil SV

0 ___ 30m

ÜBERHÖHUNG 10×

SV-1

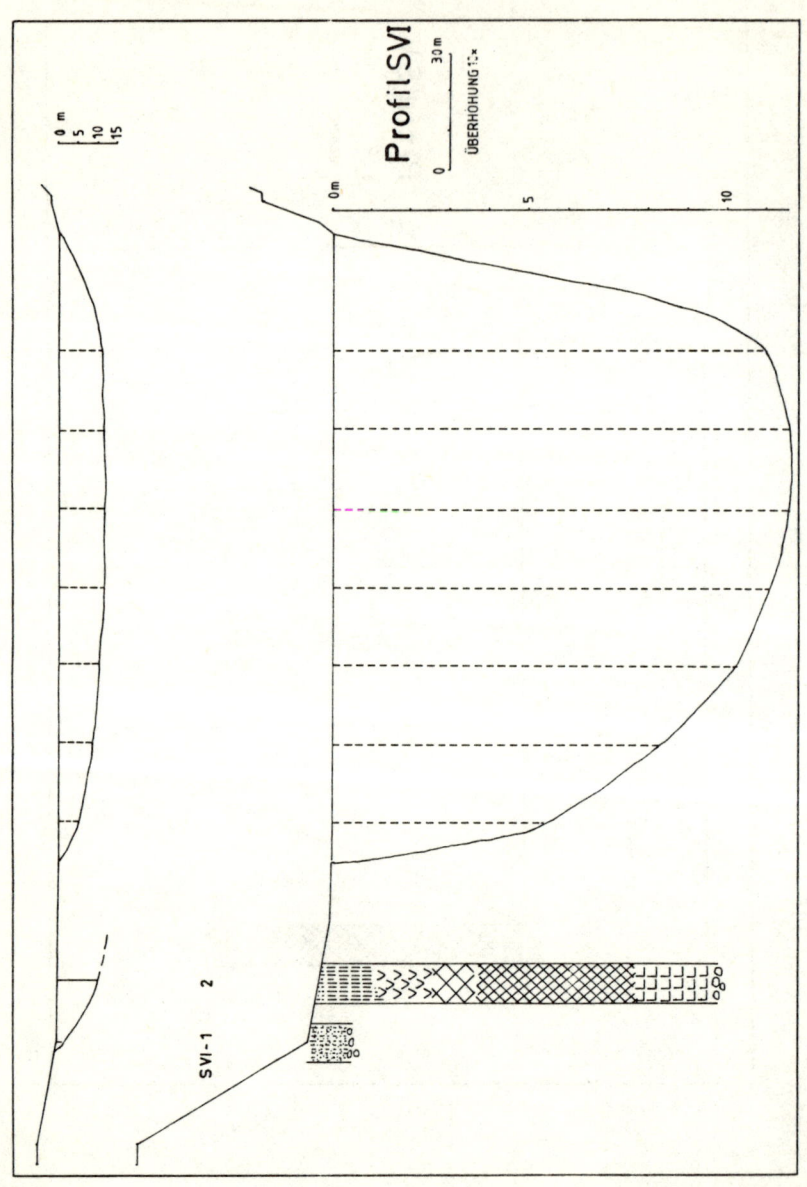

Profil SVI

ÜBERHÖHUNG 1:·×

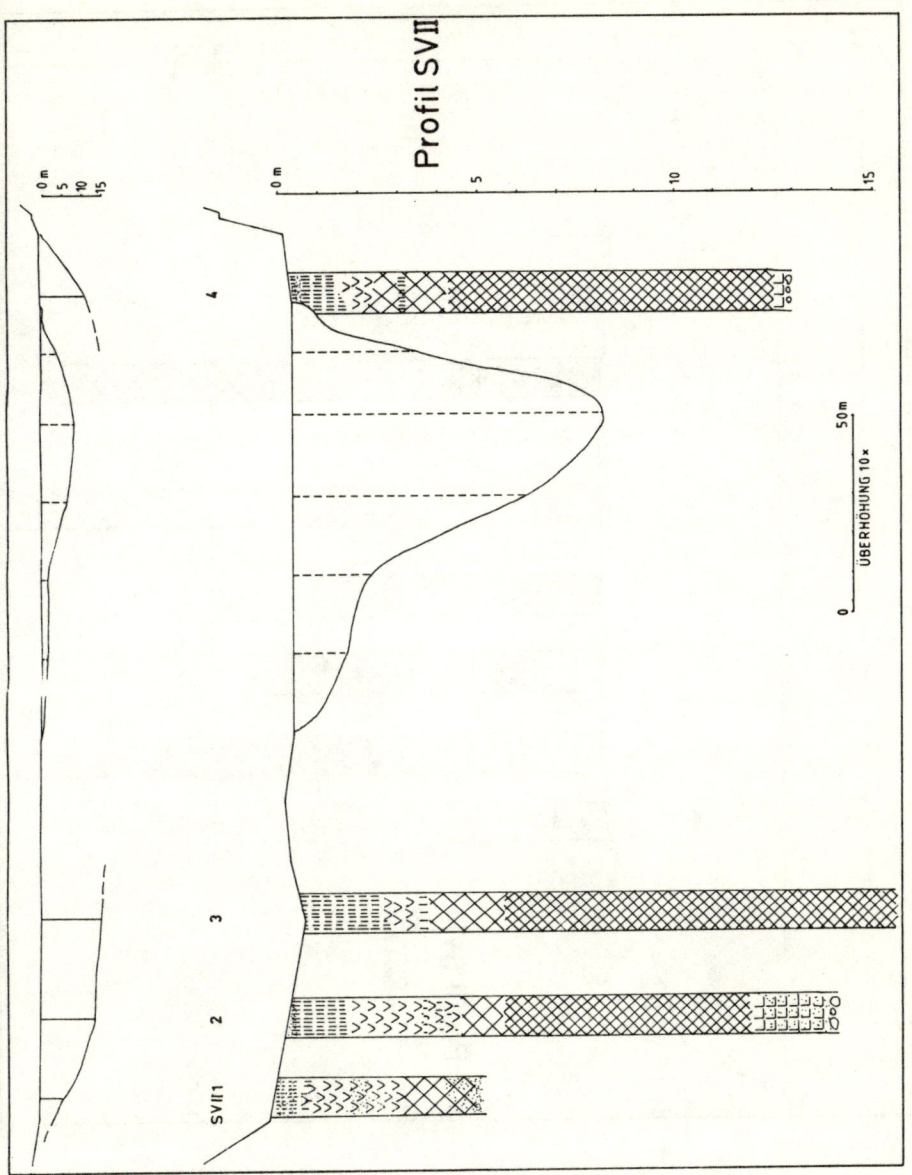

Profil SVII

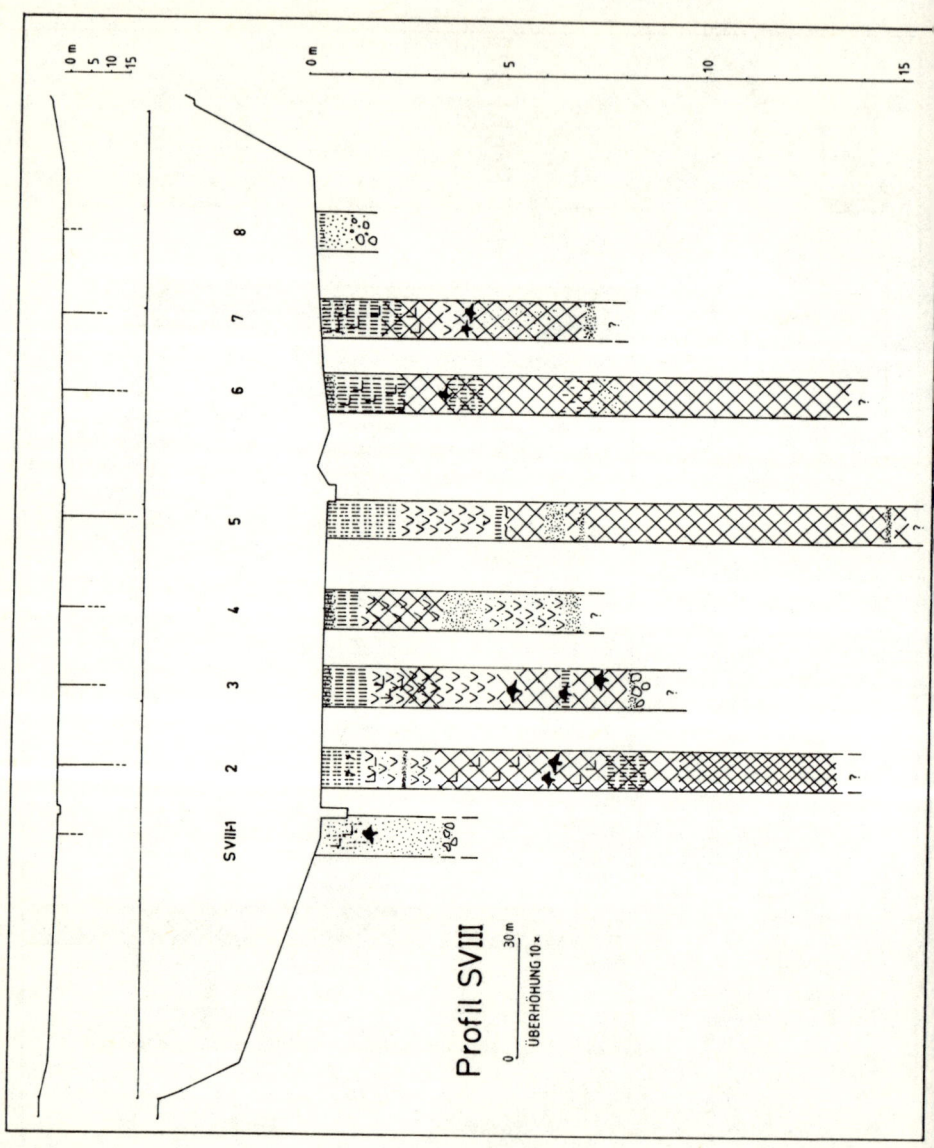

Profil SVIII

0   30 m

ÜBERHÖHUNG 10×

130

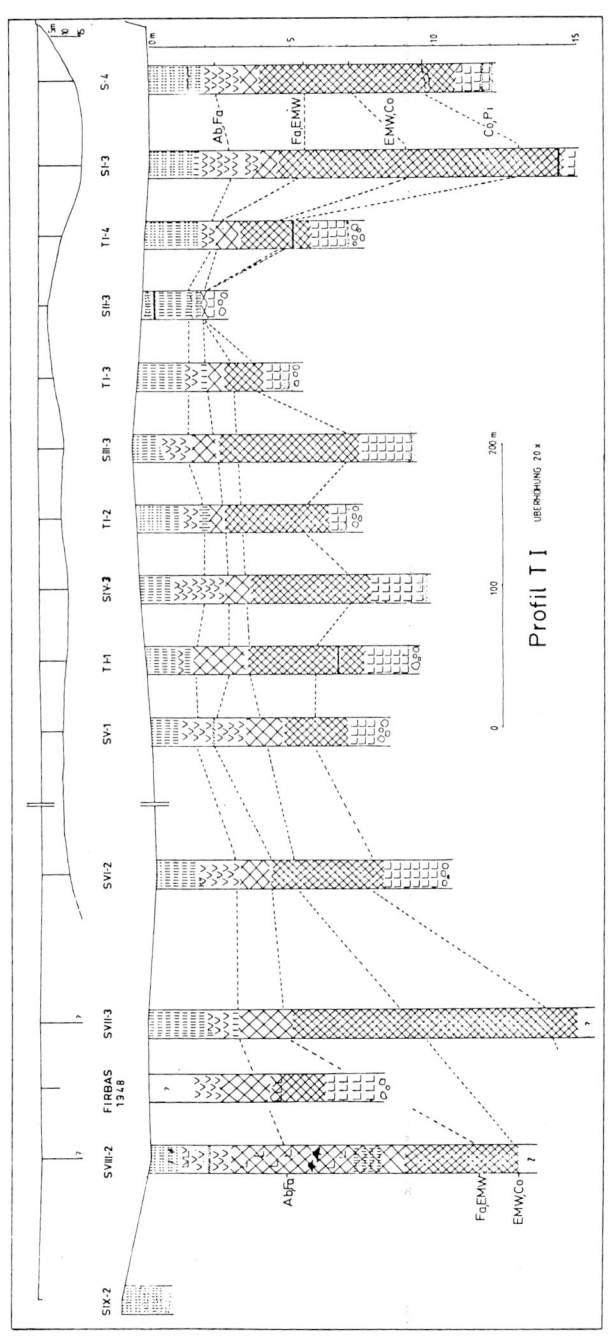

Profil T I

ÜBERHÖHUNG 20 x

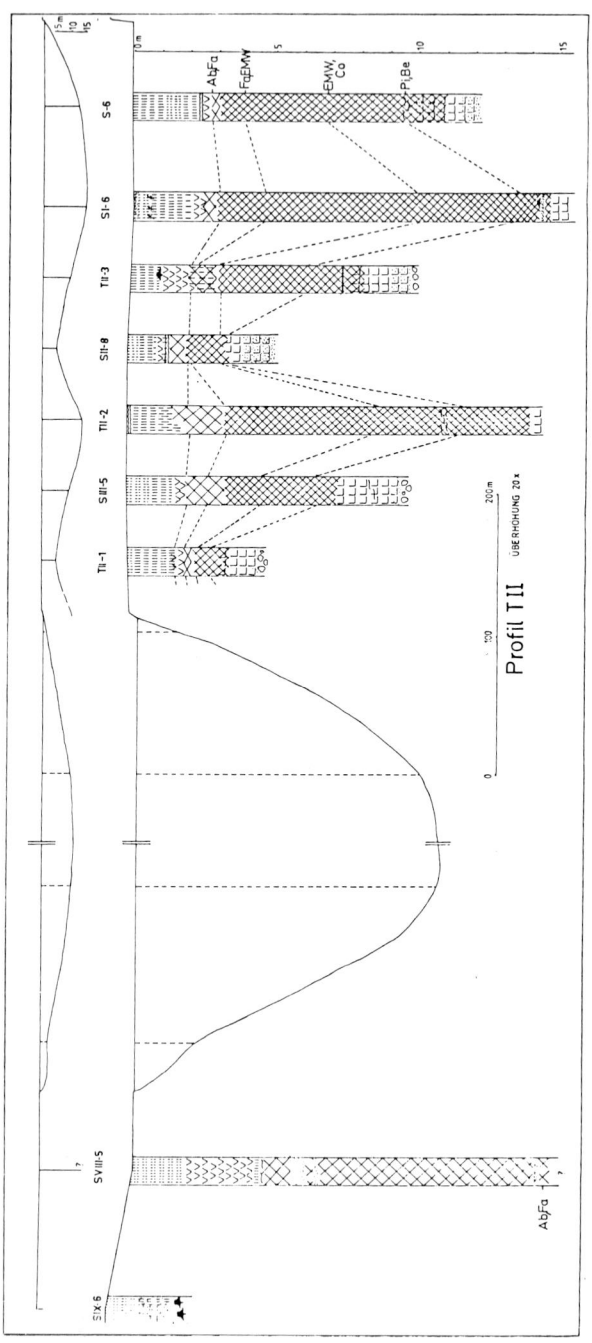

Profil TII

ÜBERHÖHUNG 20 x

132

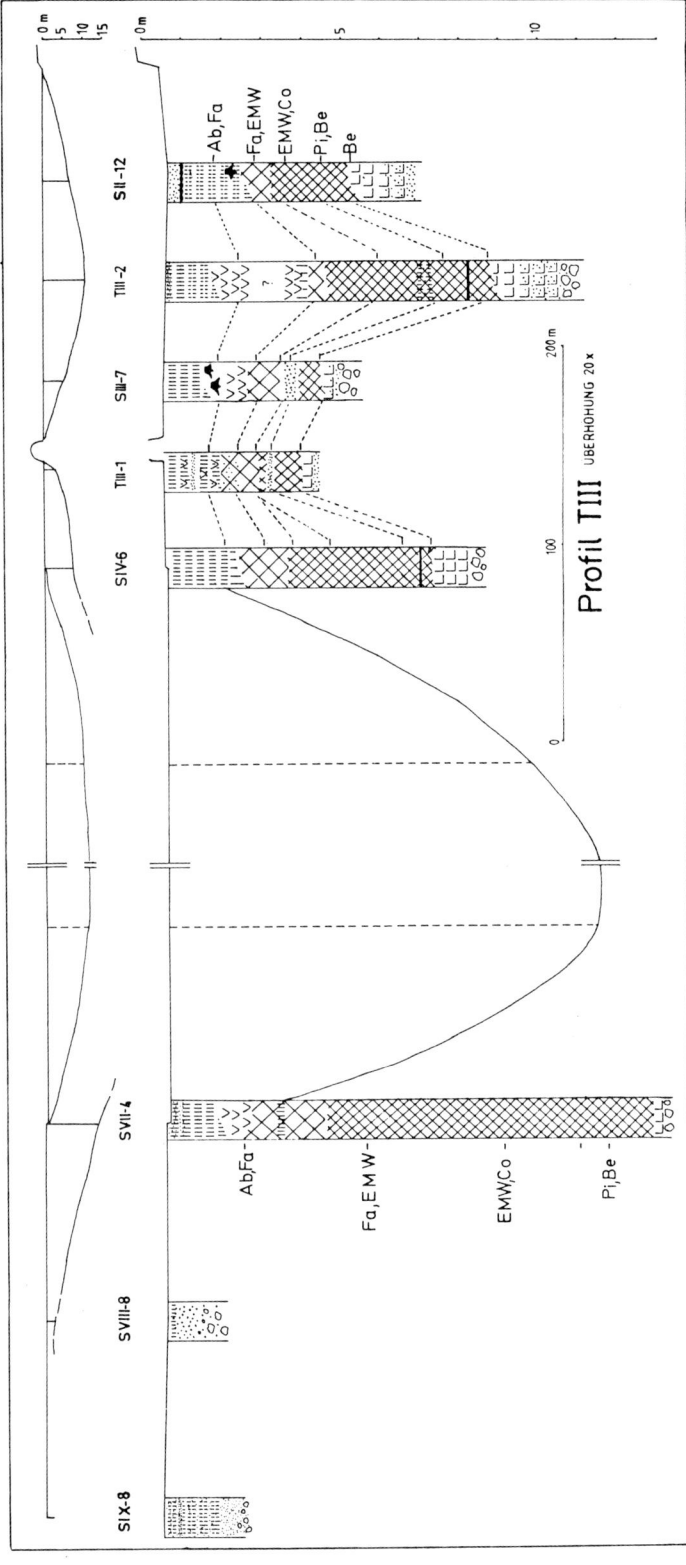

Profil TIII ÜBERHÖHUNG 20 x

SII-12 TIII-2 SIII-7 TIII-1 SIV-6 SVII-4 SVIII-8 SIX-8

Ab,Fa
Fa,EMW
EMW,Co
Pi,Be
Be

Ab,Fa –
Fa,EMW –
EMW,Co –
Pi,Be –

0 m
5
10
15

0 m

5

10

200 m

100

0

Pollen- und Großrestphotos

Pollen   1000 x

Ephedra distachya

Trapa natans   400 x

Knautia

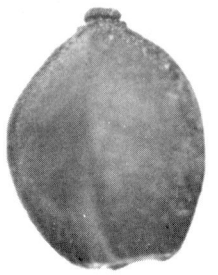  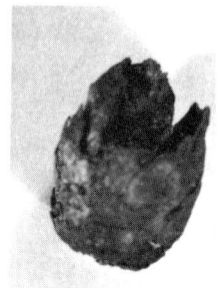

Tilia platyphyllos	Corylus avellana	Coniferen Zapfenstück
T II - 2, 210, VII	S I - 3, 865, VII	T III - 1, 353, II

 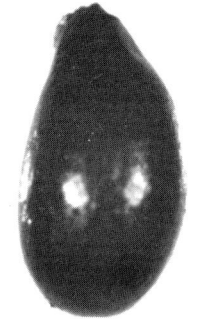 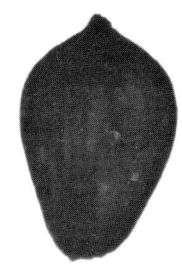

Trapa natans	Nuphar pumilum	Scirpus lacustris
T I - 4, 235, VIII	S II - 7, 150, V	S IV - 3, 260, VIII

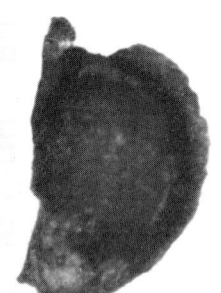 

Potamogeton praelongus	Filipendula ulmaria
T I - 3, 327, IV	S VIII - 5, 240, X

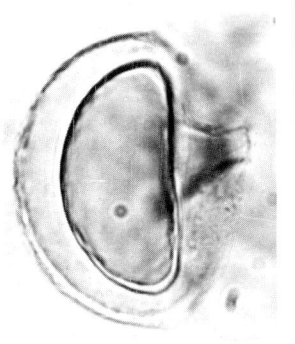

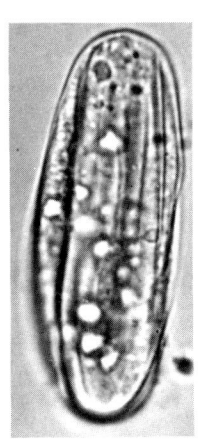

Ephedra fragilis-Typ
S I - 3, 1405, III

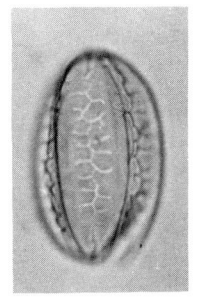

Isoëtes setaceum
S IV - 3, 720, II

Ephedra distachya
S I - 3, 1400, III

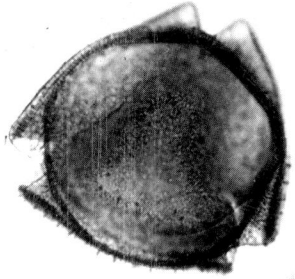

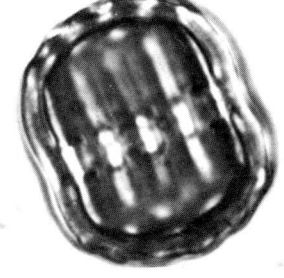

Knautia, S I - 6, 85, X

Polygala, S II - 3, 5, X

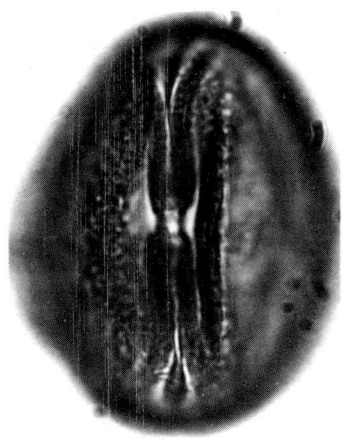

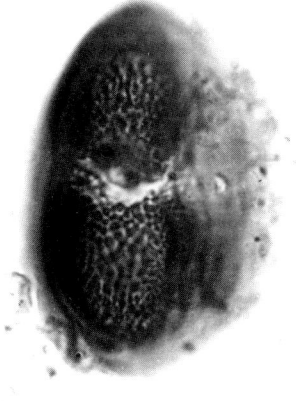

Cornus sanguinea
S I - 3, 1235, V

Centaurea montana-Typ
TI-3, 420, V

137

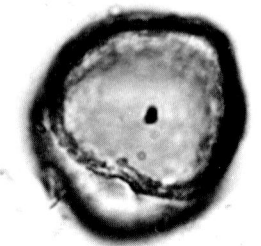
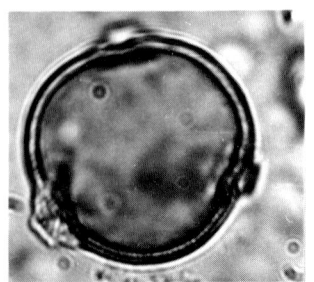

Scheuchzeria-Typ
S I - 3, 825, VII

Sanguisorba minor
S IV - 3, 750, II

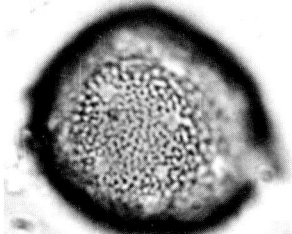
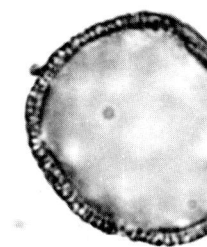

Buxus, S IV - 3, 205, VIII

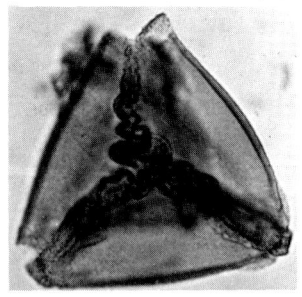
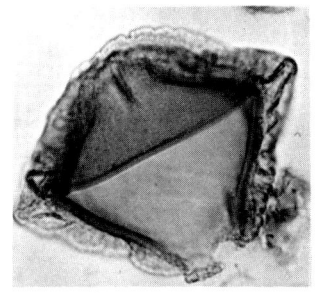

Trapa natans, S IV - 3, 305, VIII

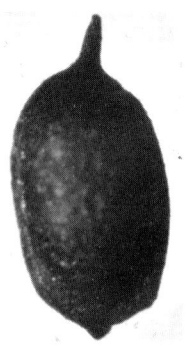

Großrest (non det.)
S IV - 3, 520, V

2 mm